2021年畜牧业发展形势及2022年展望报告

农业农村部畜牧兽医局
全　国　畜　牧　总　站　编

中国农业科学技术出版社

图书在版编目（CIP）数据

2021年畜牧业发展形势及2022年展望报告 / 农业农村部畜牧兽医局，全国畜牧总站编. -- 北京：中国农业科学技术出版社，2022.2

ISBN 978-7-5116-5702-2

Ⅰ. ①2… Ⅱ. ①农… ②全… Ⅲ. ①畜牧业经济－经济分析－研究报告－中国－2021 ②畜牧业经济－经济预测－研究报告－中国－2022 Ⅳ. ①F326.3

中国版本图书馆CIP数据核字（2022）第025455号

责任编辑 李冠桥
责任校对 李向荣
责任印制 姜义伟 王思文

出 版 者 中国农业科学技术出版社
北京市中关村南大街12号 邮编：100081
电 话 (010)82109705（编辑室） (010)82109702（发行部）
(010)82109709（读者服务部）
传 真 (010)82106625
网 址 http://www.castp.cn
经 销 者 各地新华书店
印 刷 者 北京科信印刷有限公司
开 本 210mm×297mm 1/16
印 张 3.5
字 数 72千字
版 次 2022年2月第1版 2022年2月第1次印刷
定 价 50.00元

《2021年畜牧业发展形势及2022年展望报告》

编委会

前　言

畜牧业是关系国计民生的重要产业，肉蛋奶是百姓“菜篮子”的重要品种。2021年是“十四五”开局之年，畜牧行业克服了新冠肺炎疫情、饲料价格上涨等不利因素影响，生猪生产全面恢复，禽蛋产业稳定向好，禽肉产量稳中有增，草食畜牧业发展较好，畜产品产量创历史新高，市场供应充足，为稳定物价作出了突出贡献，实现“十四五”开门红。

畜牧业统计监测和信息发布工作是畜牧生产管理的基础。2021年，全国畜牧兽医系统加强数据采集和形势研判，及时发布信息，为行业管理和生产引导提供了有力支撑。为强化信息服务，农业农村部畜牧兽医局、全国畜牧总站组织畜牧业监测预警专家团队撰写了《2021年畜牧业发展形势及2022年展望报告》，该报告以农业农村部监测数据为基础，结合国家统计局和海关总署等部门统计数据，系统回顾了2021年生猪、蛋鸡、肉鸡、奶业、肉牛、肉羊等主要畜禽品种及国际畜产品市场的发展形势，分析展望了2022年走势，可供行业从业者和相关领域人员参考。

由于编者水平所限，加之时间仓促，书中难免有疏漏和不足之处，敬请各位读者批评指正。

编　者

2022年2月

目　录

2021 年生猪产业发展形势及 2022 年展望

摘　要

2021 年，生猪生产恢复任务目标提前半年完成，猪肉市场供应宽松[①]。国家统计局数据显示，截至 2021 年二季度末，全国能繁母猪存栏连续 21 个月增长，恢复到 2017 年末的 102.1%。全年生猪出栏量同比增长 27.4%，猪肉产量同比增长 28.8%，已基本接近正常年份水平。随着供应增加，猪肉价格、养殖盈利及进口数量均高位回落。预计 2022 年生猪产能稳中有降，受产能恢复翘尾影响，猪肉产量仍将惯性增加，市场供需形势将由宽松转向均衡，生猪市场价格上半年下跌、下半年上涨，涨跌幅度将明显小于前两年。

一、2021 年生猪产业形势

（一）生猪生产恢复超预期，任务目标提前半年完成

农业农村部监测数据显示，截至 2021 年 6 月份，全国能繁母猪存栏连续 21 个月环比增长，月均增速达到 2.5%。国家统计局数据显示，2021 年 6 月末全国生猪存栏 43 911 万头，比上年同期增加 9 915 万头，同比增长 29.2%。其中，能繁母猪存栏 4 564 万头，比上年同期增加 935 万头，同比增长 25.8%。生猪存栏恢复到 2017 年末的 99.4%，能繁母猪存栏恢复到 2017 年末的 102.1%，生猪生产完全恢复的任务目标较农业农村部《加快生猪生产恢复发展三年行动方案》规定时间提前半年完成。国家统计局数据显示，2021 年生猪出栏 6.7 亿头，同比增加 1.4 亿头，增长 27.4%；猪肉产量 5 296 万吨，同比增加 1 183 万吨，增长 28.8%，已基本接近正常年份水平。

（二）猪价高位回落，肉价同比下降超 1/3

农业农村部 500 个县集贸市场价格监测数据显示，全国生猪平均价格每千克从

① 本报告分析研判主要基于 400 个生猪养殖县中 4 000 个定点监测村、1 200 个年设计出栏 500 头以下养殖户以及全国范围内 18 万家年设计出栏 500 头以上规模养殖场的生产和效益监测数据。

2021年1月份第3周36.01元的高位，降至10月份第1周的11.54元，累计下降24.47元，降幅68.0%。国庆节后猪价有所回升，12月份全国生猪平均价格每千克为17.59元，同比下降46.9%，比1月份均价35.80元下降约一半。2021年生猪平均价格每千克为20.68元，较上年下跌13.25元，跌幅39.1%。从猪肉价格来看，2021年全年平均价格每千克为33.56元，较上年的52.42元，下跌18.86元，跌幅为36.0%（图1）。

（三）生猪养殖阶段性亏损，全年盈利总体较好

虽然2021年猪价一路下跌，但1—5月生猪养殖头均盈利保持较好水平，分

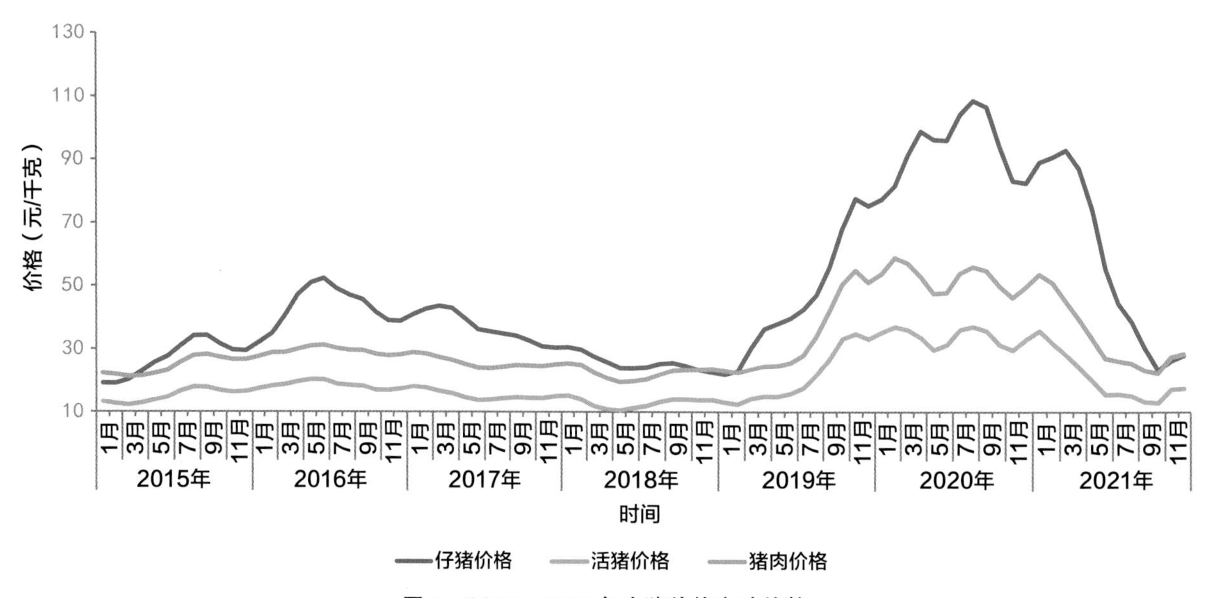

图1　2015—2021年生猪价格变动趋势

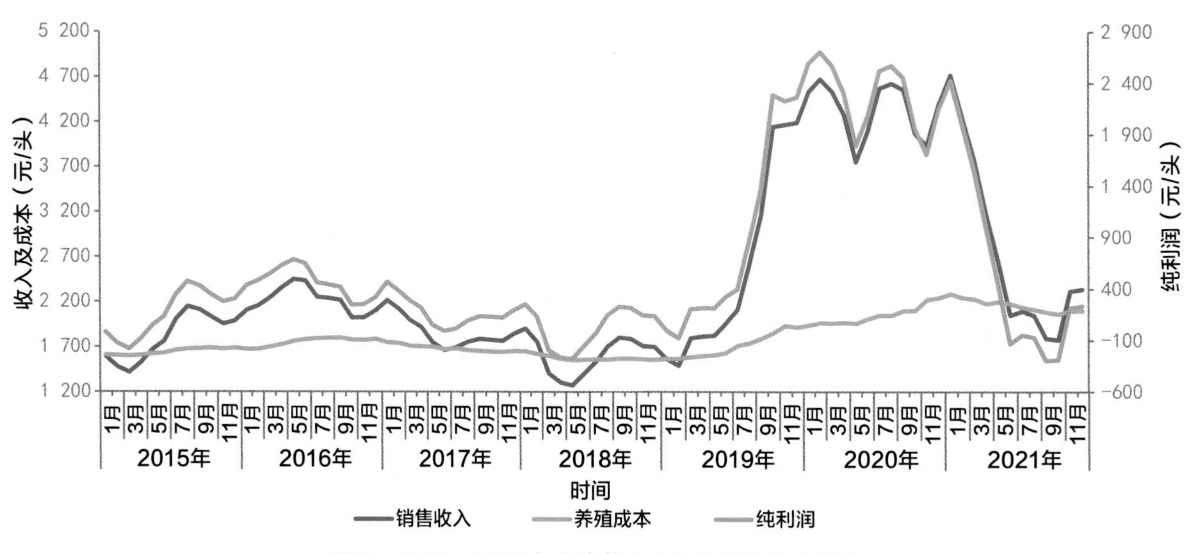

图2　2015—2021年生猪养殖头均纯利润变动趋势

别为 2 431 元、1 992 元、1 550 元、987 元和 451 元。随着价格持续回落，6—10 月份养殖场（户）出现了普遍亏损，头均亏损额分别为 129 元、43 元、67 元、291 元和 284 元。11—12 月，猪价反弹到盈利区间，头均盈利分别为 219 元和 238 元。按每个月出栏量加权平均计算，全年每出栏一头生猪有 564 元的利润，高于正常年份 200 元左右的盈利水平（图 2）。

（四）规模化进程快速推进，产业素质明显提升

预计 2021 年全国生猪养殖规模化率达到 60%，比 2020 年提升约 3 个百分点，比 2018 年提高约 11 个百分点。数据显示，2021 年出栏量全国排名前 20 位的养殖企业共出栏生猪 1.4 亿头，同比增长 78.1%；20 家企业生猪出栏量占全国总出栏量的比重达到 20.3%，较 2020 年提高 5.8 个百分点。这一轮生猪生产恢复过程中，新建和改扩建了一大批高标准现代化规模养殖场，部分中小养猪户依托“大带小”模式，设施装备水平、动物疫病防控能力、粪污资源化利用率等明显改善，生猪产业素质大幅提升（图 3）。

（五）猪肉进口保持高位，出口保持在较低水平

国家海关总署数据显示，2021 年我国进口猪肉 371 万吨，较 2020 年同期的 439 万吨，下降 15.5%，总体仍保持高位。从月度情况来看，前 7 个月进口量较高，均保持在 30 万吨以上，3 月份一度接近 46 万吨；8 月份开始出现明显下降，12 月降至不足 17 万吨。从进口来源看，西班牙是我国第一大猪肉进口来源国，第二为巴西，第三为美国，三个国家进口量占进口总量的比重分别为 31.1%、14.8% 和 10.9%（图 4）。受非洲猪瘟疫情影响，近 3 年我国猪肉出口明显下降，2021 年出口 1.8 万吨，同比虽有所增长，但仍保持在较低水平（图 5）。

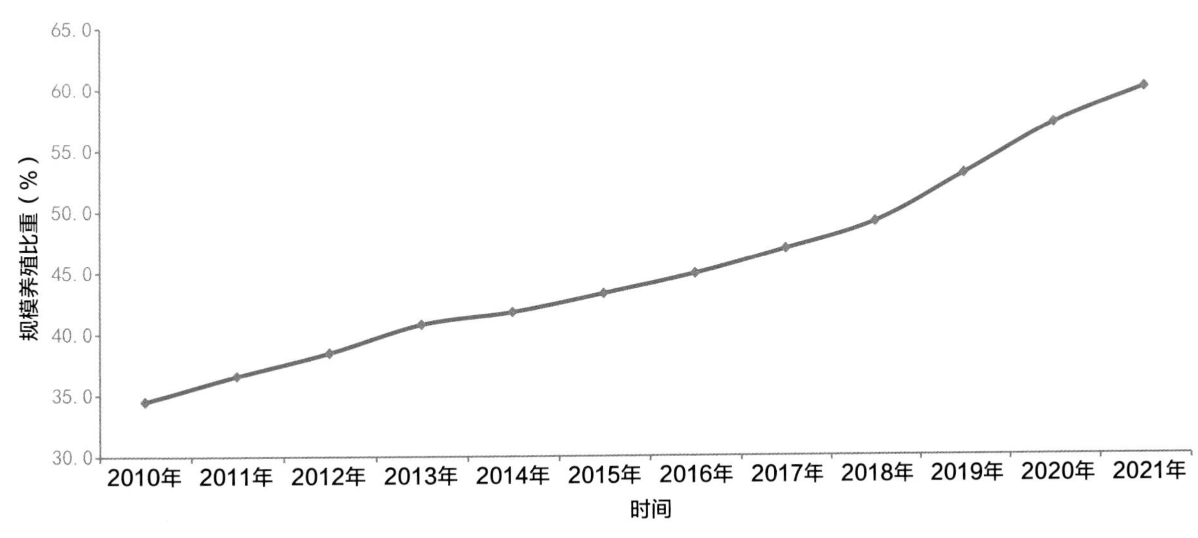

图 3　2010 年以来我国生猪养殖规模化率变动趋势

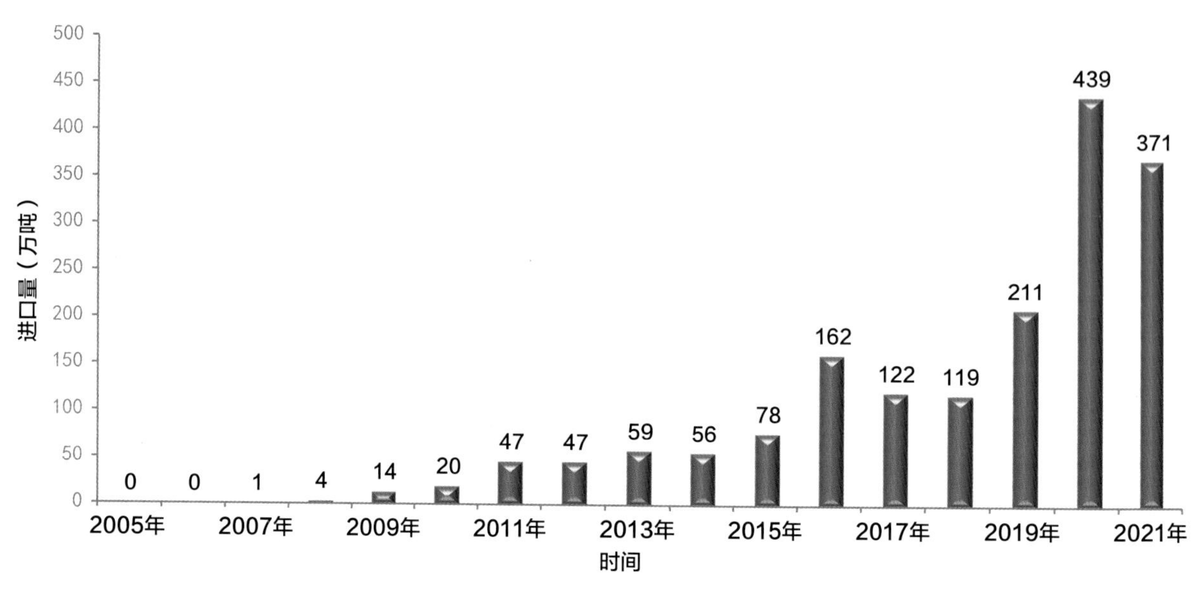

图 4　2005 年以来我国猪肉进口量变动趋势

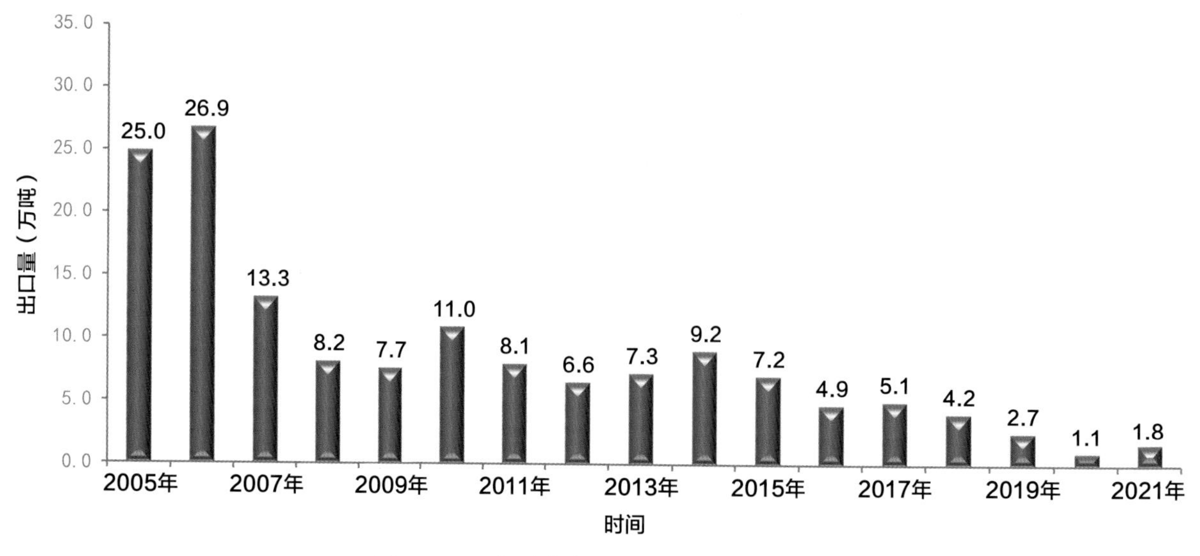

图 5　2005 年以来我国猪肉出口量变动趋势

二、2022 年生猪生产形势展望

（一）生猪产能或将稳中有降

受价格下跌、生猪养殖亏损影响，2021 年三季度以来，全国生猪产能持续调减。据农业农村部监测，截至 2021 年底，能繁母猪存栏量连续 6 个月环比下降；国家统计局数据显示，2021 年底全国能繁母猪存栏量为 4 329 万头，较 6 月份的 4 564 万头，下降 235 万头，降幅 5.1%；与农业农村部《生猪产能调控实施方案（暂行）》所确定的正常保有量相比，还高出 229 万头，为正常保有量的 105.6%。预计 2022 年春节之后生猪价格还有下跌空间，养殖场（户）还会经历一轮亏损期，继续淘汰低产母猪，生猪产能将有所下降。

（二）猪肉产量仍将惯性增加

国家统计局数据显示，2021 年 6 月份全国能繁母猪存栏量达到本轮生猪产能恢复以来的峰值。据此推算，2022 年上半年生猪出栏量和猪肉产量仍处在惯性增长区间。2021 年底全国生猪存栏量为 44 922 万头，同比增长 10.5%；与 2021 年 6 月份相比，增加 1 011 万头，增长 2.3%。按正常生产节奏推算，在不考虑出栏体重变化的情况下，2022 年上半年生猪出栏量和猪肉产量也将较 2021 年下半年增长约 2.3%。但受 2021 年下半年生猪产能持续下降影响，2022 年下半年生猪出栏量和猪肉产量将有所回落，猪肉市场供应呈现出前高后低的特征。

（三）防疫等养殖成本仍有下降空间

农业农村部监测数据显示，2017 年（非洲猪瘟疫情发生之前）我国生猪养殖成本为 13.1 元 / 千克。疫情发生后，生猪养殖成本持续上升，2021 年初创下每千克 17.2 元的历史最高价格，较疫情之前提升了 4.1 元，涨幅 31.3%。随着疫情形势总体好转，疫病防控进入新常态，非正常支出减少，生猪养殖成本自 2021 年 2 月份以来呈下降态势。2021 年 12 月生猪养殖成本价为 15.7 元 / 千克，近一年时间下降了约 1.5 元，降幅 9.0%。在疫情总体平稳的情况下，非正常支出仍有下降空间，预计 2022 年生猪养殖成本中枢仍将趋势性下移。

（四）猪肉进口量或将明显减少

2021 年前 3 个季度，猪肉市场价格经历了超预期下跌，一些进口冻肉贸易商因误判市场行情，未缩减进口量级，导致亏损较为严重。调研了解到，在四季度猪肉价格有所回升的情况下，进口冻肉贸易商平均每吨冻肉亏损额仍然在 1 000 元左右。2022 年上半年，随着生猪市场供应逐步增加，预计国内冻肉价格总体仍呈下降趋势。加之进口关税从 8% 恢复到 12%，进口商利润空间受限，订单数量会随之减少。目前，新冠肺炎疫情仍在持续，部分国家和企业暂停向我国出口猪肉。受上述因素影响，预计 2022 年猪肉进口数量将出现较为明显的下降。

（五）供需形势将由宽松转向均衡

2022 年上半年生猪出栏量和猪肉产量惯性增加，叠加猪肉需求淡季，预计市场供需形势较为宽松。2022 年下半年，随着生猪产能调减效果的逐步显现，叠加猪肉消费需求的季节性增加，预计市场供需形势将由上半年的宽松状态逐步转向均衡水平。在没有异常因素影响情况下，根据供需基本面判断，预计上半年生猪及猪肉价格相对较低，生猪养殖再次陷入亏损区间的可能性较大；下半年供需形势及猪价将逐步好转，生猪养殖将扭亏为盈。总体来看，供需关系变化不会太大，猪价波动幅度将明显小于前两年水平。

2021年蛋鸡产业发展形势及2022年展望

摘 要

2021年，蛋鸡养殖稳定发展，产能基本调整至合理水平，产量下降，养殖效益回归正常。农业农村部监测数据显示[①]，全年鸡蛋产量同比下降2.6%，鸡蛋产量回归合理区间。随着鸡蛋供需结构改善，加上养殖成本上涨推动，全年鸡蛋价格保持较高水平，全年只鸡盈利14.3元。预计2022年在产蛋鸡存栏同比小幅增长，全年鸡蛋供应量将呈前少后多态势，市场供需趋于平衡，鸡蛋价格小幅回落，饲料成本相对稳定，蛋鸡养殖效益收窄。

一、2021年蛋鸡产业形势

（一）在产蛋鸡存栏稳中有降，鸡蛋产能逐步调整到位

受新冠肺炎疫情和鸡蛋供给过剩双重影响，2020年蛋鸡养殖效益较差，鸡蛋产能从高位逐步调减。2021年上半年与2020年相比处于产能快速下调期，1—6月鸡蛋产量同比下降6.3%，鸡蛋供应减少，鸡蛋价格上涨。2021年下半年存栏回升，年末产能基本达到合理水平（图1）。全年鸡蛋产量同比下降2.6%。补栏方面，全年蛋鸡养殖户补栏谨慎，但规模场仍在扩产，雏鸡补栏同比基本持平。由于2020年下半年补栏较少以及2021年鸡蛋价格高位运行，2021年下半年养殖户"惜淘"心理较重，12月淘汰鸡日龄较上年同期增加14天，全年淘汰鸡数量同比下降12.1%，2021年12月末在产蛋鸡存栏同比增长2.2%。

（二）鸡蛋消费同比减少，短期出现逆规律波动

随着生猪产能恢复，鸡蛋对猪肉消费替代属性减弱，2021年鸡蛋消费量同比减少1.6%。值得关注的是，受散发新冠肺炎疫情及其他农产品价格短期高位影响，鸡蛋消费出现了逆规律运行的情况，

① 报告分析判断主要基于全国12个省100个县（蛋鸡生产监测村、规模场以及固定效益监测户）数据。

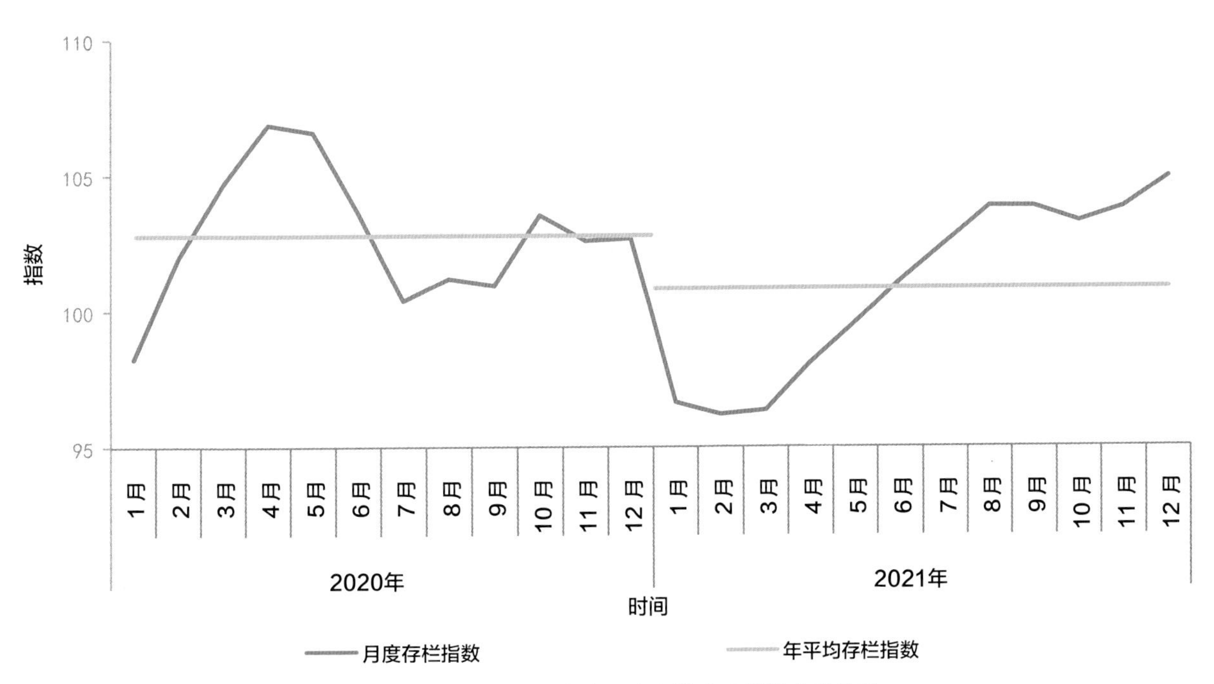

图 1　2020—2021 年在产蛋鸡存栏合成指数变动趋势

尤其是四季度出现了鸡蛋消费“前期淡季不淡、后期旺季不旺”，10 月中旬以后的 1 个月，部分地区散发新冠肺炎疫情，消费者提前购买以及增量购买鸡蛋，使局部地区鸡蛋销量增加明显。猪肉、蔬菜价格涨幅一度超过了 20%，物美价廉的鸡蛋作为替代品，消费量有所增加。11 月下旬以后，电商平台及商超采购量缩减，市场购销不佳，鸡蛋需求量较往年同期下降。

（三）饲料和鸡蛋价格均高位运行，养殖盈利同比增加

2020 年下半年玉米等饲料价格大幅上涨，2021 年饲料价格持续高位运行，平均饲料成本为 6.88 元 / 千克，同比增长 19.0%。但全年鸡蛋供求关系与上年相比明显改善，元旦、春节、端午、中秋、国庆等节日鸡蛋消费增加，拉动鸡蛋价格回升，全年鸡蛋价格同比上涨 33.8%。全年只鸡盈利 14.3 元，实现扭亏为盈，同比增加 15.3 元（图 2）。

（四）蛋产品贸易保持顺差，出口量同比增加

蛋产品贸易顺差明显，保持了净出口的贸易格局。海关总署数据显示，2021 年我国蛋产品出口 10.28 万吨，同比增加 1.1%。受国际蛋产品价格上涨的影响，蛋产品出口额同比增加 19.0%，达到了 2.14 亿美元，出口额创近 10 年新高。我国蛋产品出口地理半径主要集中在周边地区和国家，市场份额占出口总额的 90% 以上，中国香港、中国澳门是蛋产品出口最主要的市场。2021 年我国蛋产品进口量仅为 0.005 吨，进口额为 98 美元，进口量和进口额均创近 10 年新低（表 1）。

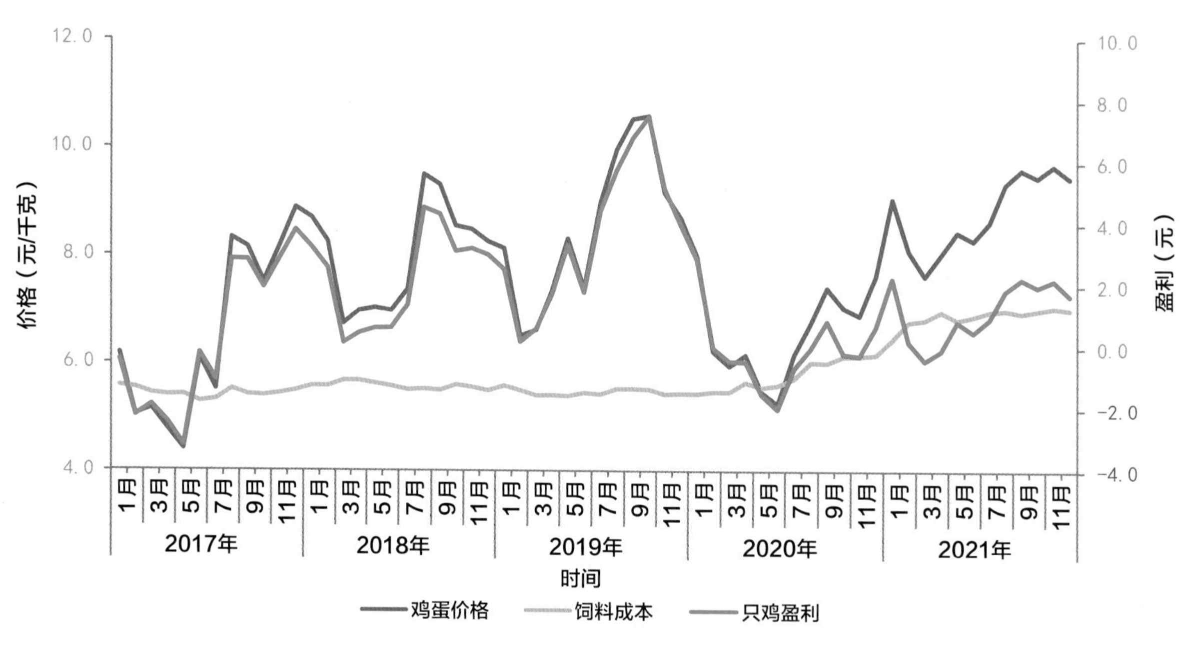

图2 2017—2021年蛋鸡养殖收益变动趋势

表1 2011—2021年中国蛋产品贸易情况

年度（年）	出口量（万吨）	出口额（亿美元）	进口量（吨）	进口额（万美元）
2011	10.44	1.73	68.31	120.32
2012	10.25	1.77	25.99	66.85
2013	9.33	1.76	18.62	57.40
2014	9.46	1.92	16.29	79.30
2015	9.76	1.92	2.52	4.91
2016	10.32	1.84	0.03	0.09
2017	11.27	1.86	64.60	11.44
2018	9.96	1.88	2.68	1.52
2019	10.08	1.91	24.04	15.94
2020	10.17	1.80	132.80	30.15
2021	10.28	2.14	0.005	0.009 8

（五）蛋鸡养殖规模化程度不断提升，“小规模，大群体”生产格局有所转变

蛋鸡产业规模化程度加快，中小养殖逐渐退出，规模养殖占比提高。农业农村部监测数据显示，2013年以来，蛋鸡养殖户占农户比重持续下降，2021年监测村蛋鸡养殖户比重降至历史低位，

12 月份养殖户比重为 0.9%，比上年同期减少 0.1 个百分点。12 月份存栏小于 2 万只和大于 10 万只的规模养殖场（户）占比分别为 12.8% 和 41.5%，较上年同期分别下降 1.8 个百分点和增长 3.0 个百分点（图 3）。

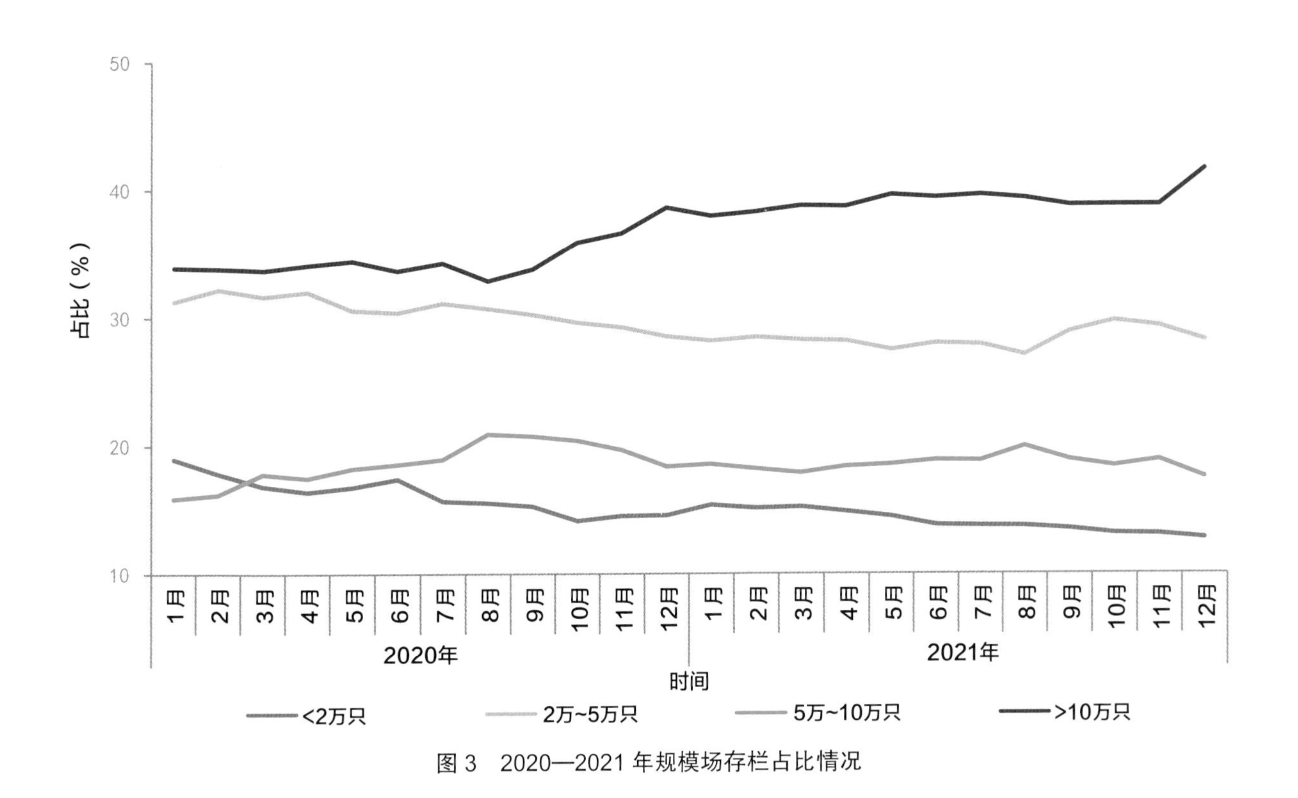

图 3　2020—2021 年规模场存栏占比情况

（六）国产品种更新量创新高，蛋鸡种源供给有保障

国产蛋种鸡发展较快，蛋鸡种源供给充足。2021 年，我国祖代种鸡累计更新 80.99 万套，其中，国产品种累计更新 68.40 万套，进口品种累计更新 12.59 万套。国产品种更新量创新高，京红系列、京粉系列、大午金凤、农大 3 号等国产高产蛋鸡品种市场占有率进一步提高。我国在产祖代种鸡平均存栏 60.68 万套，同比增长 5.8%（图 4），在产父母代种鸡平均存栏 1 198.64 万套，同比增长 0.4%（图 5），能够满足每年约 36 万套在产祖代种鸡的市场需求量，蛋鸡种源供给安全无虞。

二、2022 年蛋鸡生产形势展望

（一）在产蛋鸡存栏先降后增，产能调整至合理水平

2021 年鸡蛋价格高位运行，蛋鸡养殖盈利明显，蛋鸡产业回暖带动下半年在产蛋鸡存栏逐步回升。2022 年一季度受 2021 年下半年后备鸡补栏不充分影响，在产蛋鸡存栏小幅减少，二季度及以后全国在产蛋鸡存栏量预计将小幅增加，鸡蛋产量平稳增长，能够有效保障鸡蛋市场供应。

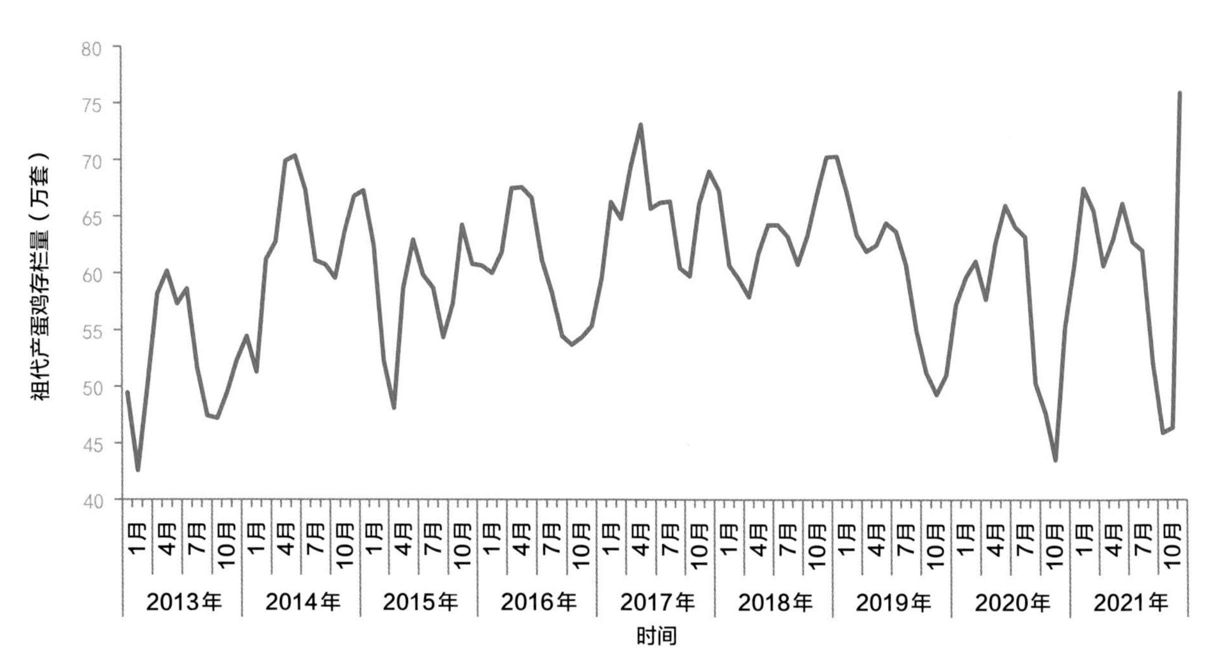

图4　2013—2021年监测企业祖代产蛋鸡存栏量

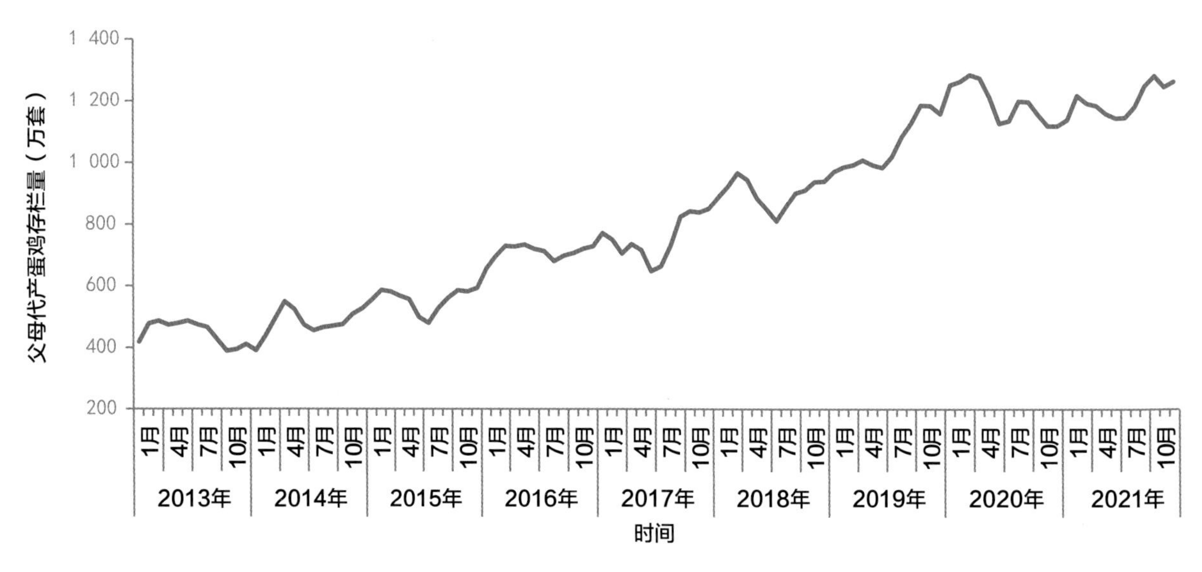

图5　2013—2021年监测企业父母代产蛋鸡存栏量

（二）突发事件影响减弱，鸡蛋消费回归正常波动规律

受散发新冠肺炎疫情、极端天气以及其他农产品价格波动影响，2021年部分时期鸡蛋消费出现逆规律变动。2022年，随着应对突发事件的措施不断健全，突发事件对鸡蛋消费的影响将进一步减弱，尤其是散发新冠肺炎疫情的影响，预计2022年鸡蛋消费将回归往年正常的淡旺季波动规律。

（三）鸡蛋价格略有回落，规律性波动明显

2022 年鸡蛋供需结构趋于平衡，预计鸡蛋价格小幅回落的可能性大，蛋价水平将低于 2021 年，但仍高于 2020 年。随着突发事件影响减弱，以及鸡蛋消费回归正常，预计鸡蛋波动的趋势将呈现出“一季度持续下跌、二季度处于低位、三季度高位运行、四季度先下跌后上涨”的变动规律。受价格变化影响，蛋鸡养殖盈亏将呈现出“一季度先盈利后亏损、二季度亏损、三四季度盈利”的变动规律，整体上盈利的时段要多于亏损的时段。

（四）蛋产品出口量稳中有增，净出口格局保持不变

预计 2022 年蛋产品贸易顺差明显，净出口的格局短期不会改变。在新冠肺炎疫情防控形势整体稳定情况下，我国蛋产品出口规模稳中有增，预计 2022 年蛋产品出口量将超过 10 万吨，出口仍以中国香港、中国澳门、日本等地区或国家为主；出口产品以带壳鲜食鸡蛋等初级蛋产品为主。随着国内蛋品加工业的发展，蛋粉、干蛋黄、蛋干等去壳蛋制品出口量也有望增加；进口则以去壳蛋产品为主，预计 2022 年蛋产品进口量将同比增加。

2021 年肉鸡产业发展形势及 2022 年展望

摘 要

2021 年我国鸡肉生产继续保持增长，鸡肉产量仅次于美国，位居世界第二。随着生猪产能恢复，猪肉价格回落到正常水平，鸡肉消费对猪肉消费的替代效应减弱，导致鸡肉消费增速放缓，产能仍然过剩，产业总体收益偏低。根据肉鸡生产监测数据测算（表 1）[①]，2021 年全国肉鸡出栏 118.3 亿只，同比增长 7.4%；鸡肉产量 1 989.1 万吨，同比增长 7.9%；全年进口鸡肉 147.1 万吨，同比减少 4.0%；在产种鸡平均存栏量同比增长 2.4%。预计 2022 年鸡肉产量或小幅减少，产业集中度有望继续提高（图 1）。

一、2021 年肉鸡产业形势

（一）肉鸡生产保持较快增长

2021 年，全国出栏肉鸡 118.3 亿只，同比增长 7.4%；全年鸡肉产量 1 989.1 万吨，同比增长 7.9%。其中，白羽肉鸡出栏 58.1 亿只，同比增长 18.0%；肉产量 1 145.6 万吨，同比增长 17.2%。黄羽肉鸡出栏 40.5 亿只，同比减少 8.5%；肉产量 512.9 万吨，同比减少 4.7%。小型白羽白鸡出栏 19.8 亿只，同比增长 18.5%；肉产量 219.6 万吨，同比增长 13.8%。淘汰蛋鸡出栏 10.2 亿只，同比减少 17.9%；肉产量 110.9 万吨，同比减少 17.9%。

（二）种鸡存栏量和商品雏鸡产销量增加

1. 白羽肉鸡产能先增后减，全年种鸡平均存栏增长 9.1%，商品雏鸡产销量增长 15.2%

2021 年白羽肉鸡祖代种鸡平均存栏量 171.3 万套，同比增长 4.9%；平均在产存栏 114.0 万套，父母代种雏供应量同比增长 6.0%。2021 年末祖代种鸡存栏 174.5

① 本报告中关于中国肉鸡生产数据分析判断主要基于 85 家种鸡企业种鸡生产监测数据，以及 1 099 家定点监测肉鸡养殖场（户）成本收益监测。

表 1　2021 年鸡肉生产量测算

项目	白羽肉鸡		黄羽肉鸡		小型白羽肉鸡		淘汰蛋鸡	
	出栏数（亿只）	产肉量（万吨）	出栏数（亿只）	产肉量（万吨）	出栏数（亿只）	产肉量（万吨）	出栏数（亿只）	产肉量（万吨）
2017 年	40.97	761.0	36.88	460.1	10.09	106.0	13.18	139.0
2018 年	39.41	757.3	39.59	502.9	12.82	122.0	10.23	111.2
2019 年	44.20	830.9	45.23	573.0	15.36	177.0	10.29	111.9
2020 年	49.23	977.2	44.19	538.4	16.71	193.0	12.42	135.0
2021 年	58.07	1 145.6	40.45	512.9	19.80	219.6	10.20	110.9
增长量	8.85	168.4	−3.74	−25.5	3.09	26.6	−2.22	−24.1
增长率（%）	17.97	17.23	−8.47	−4.73	18.49	13.79	−17.87	−17.87
2022 年（预计）	55.00	1 085.0	42.00	532.6	20.50	218.4	11.00	119.6

图 1　2016—2022 年鸡肉生产变化趋势

万套，其中在产存栏 113.6 万套，后备存栏 60.9 万套。祖代种鸡全年更新 124.6 万套，同比增长 24.2%。其中，进口 86.8 万套，较 2020 年增加 13.7 万套，占 69.6%；国内繁育 37.8 万套，比上一年增加 10.6 万套，占 30.4%，增加 3.2 个百分点。

2021 年白羽肉鸡父母代种鸡平均存栏量 6 628.6 万套，同比增长 9.1%；平均在产存栏 3 941.3 万套，全年商品雏鸡销售量 60.1 亿只，同比增长 15.2%。年末父母代种鸡存栏 6 339.7 万套，其中在产存栏 3 600.0 万套，后备存栏 2 739.7 万套。父母代种鸡全年更新 6 365.7 万套，同比增长 6.0%。

2. 黄羽肉鸡产能下降，种鸡平均存栏减少9.7%；商品雏鸡产销量减少6.3%

2021年黄羽肉鸡祖代种鸡平均存栏量216.6万套，同比减少1.3%；平均在产存栏151.4万套，父母代种雏供应量减少12.8%。年末祖代种鸡存栏204.9万套，其中在产存栏143.3万套，后备存栏61.6万套（图2）。祖代鸡全年更新228.5万套，较2020年增加1.4万套（图3）。

2021年黄羽肉鸡父母代种鸡平均存栏量6 876.3万套，同比减少9.7%；平均在产存栏4 047.2万套，商品代雏鸡供应量41.5亿只，同比减少6.3%（图4）。年末父母代种鸡存栏6 682.4万套，其中在产存栏3 896.1万套，后备存栏2 786.2万套（图5）。父母代种鸡全年更新6 519.0万套，同比减少12.8%（图6）。

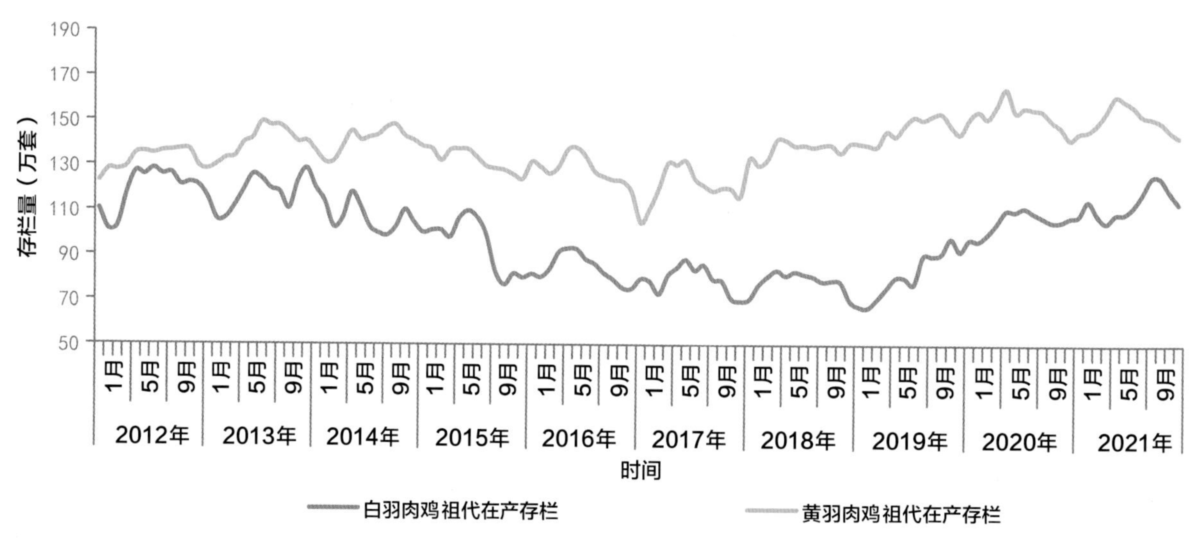

图2 近10年肉鸡祖代在产存栏数变化

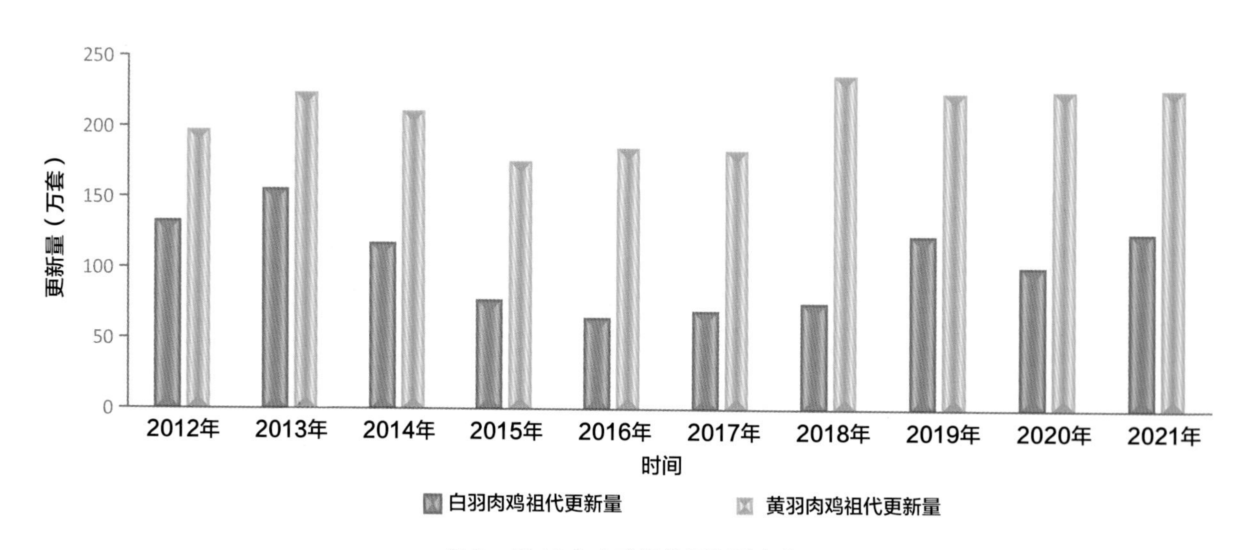

图3 近10年肉鸡祖代更新量变化

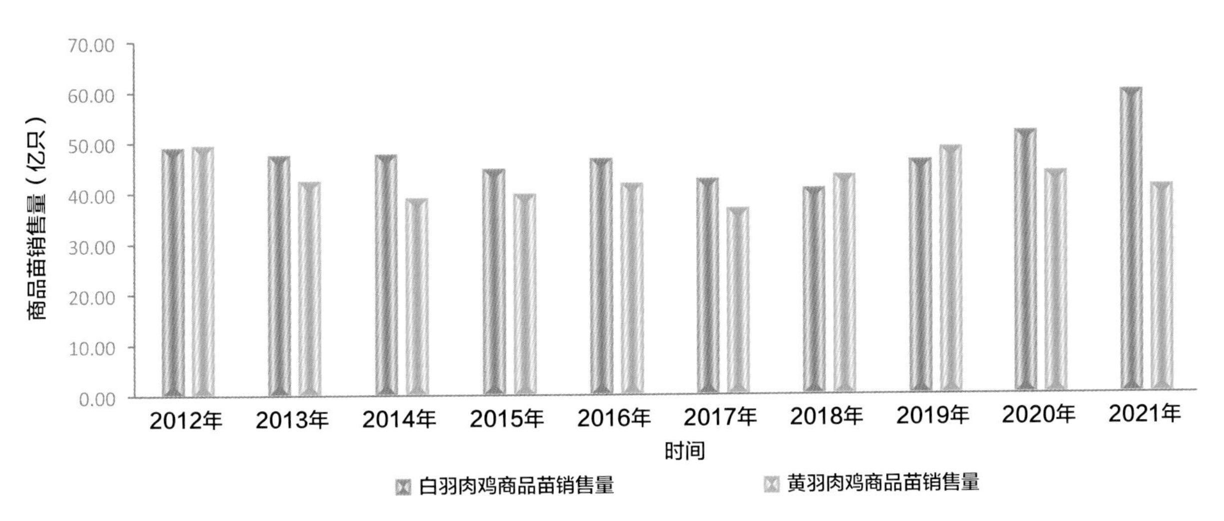

图 4　近 10 年肉鸡商品苗销售量变化

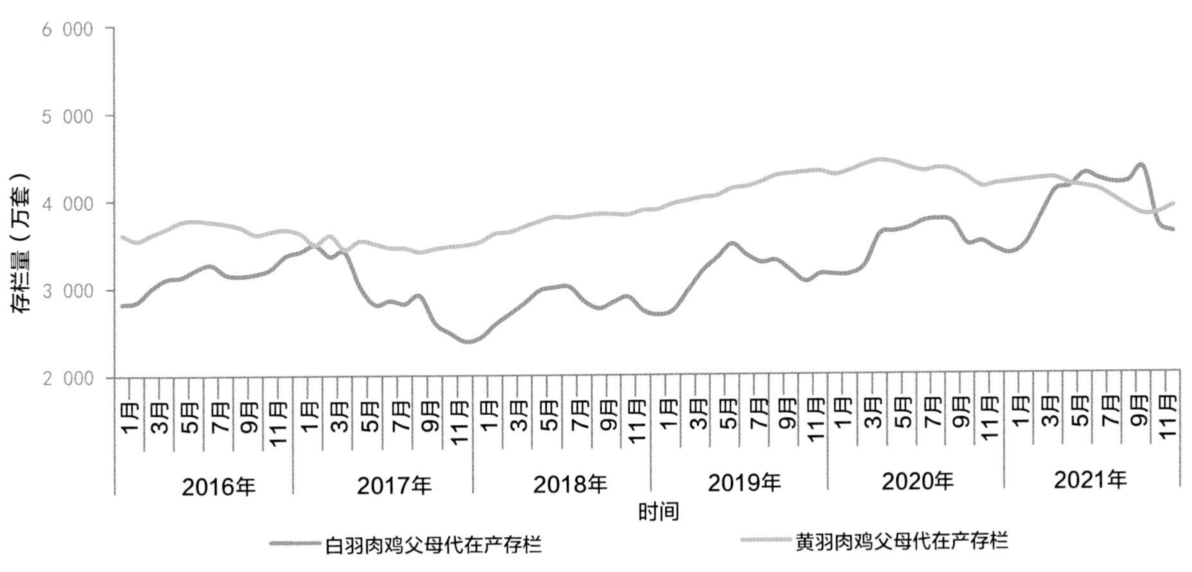

图 5　2016—2021 年肉鸡父母代在产存栏数变化

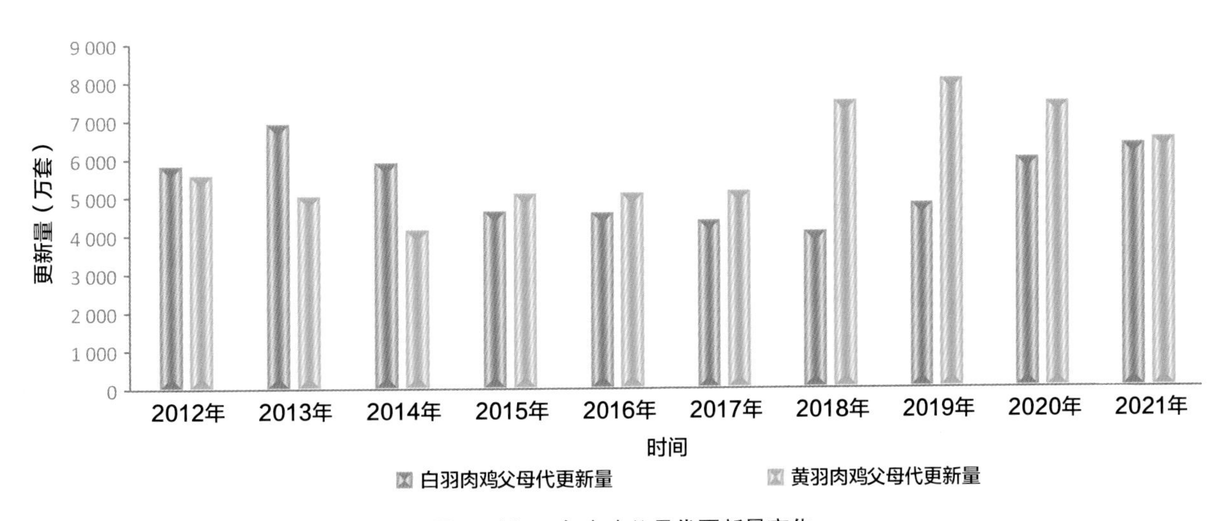

图 6　近 10 年肉鸡父母代更新量变化

（三）价格总体低位运行，行业收益低于历史平均值

2021年，随着生猪产能恢复，猪肉价格同比明显下降，鸡肉消费对猪肉消费的替代效应减弱，导致鸡肉消费增速放缓。同时，鸡肉产量保持惯性增长，市场供过于求，白羽肉鸡全产业综合收益继续收窄；黄羽肉鸡产能下降，活禽交易价格先降后升，全年产业链综合收益恢复到中等水平。平均每只白羽肉鸡全产业链综合收益为1.34元，较2020年减少0.56元，收益降幅29.4%。其中，父母代种鸡和商品肉鸡养殖效益改善，每只分别盈利0.22元和0.74元；屠宰环节收益显著降低，每只仅盈利0.11元，为近5年最低值。黄羽肉鸡全产业链综合收益每只4.66元，较2020年增加3.29元，增幅达239.5%，为近10年中等收益。其中，祖代养殖收益略有减少，父母代种鸡收益继续下降至亏损，商品肉鸡养殖收益大幅增加至每只鸡4.60元（表2，表3）。

（四）白羽肉鸡种鸡利用率下降，黄羽肉鸡种鸡利用率上升，商品鸡生产效率整体提高

1. 白羽肉鸡父母代种鸡利用率下降，商品鸡生产效率提升

2021年白羽肉鸡祖代种鸡种源充足，

表2　白羽肉鸡产业链各环节收益情况

年度	单位收益（元/只，出栏商品鸡）				全产业链收益	收益分配情况(%)			
	祖代	父母代	商品养殖	屠宰		祖代	父母代	商品养殖	屠宰
2016	0.31	1.08	−0.69	1.16	1.86	16.6	58.1	−37.3	62.6
2017	0.11	−0.59	0.15	2.21	1.88	6.0	−31.2	7.8	117.4
2018	0.24	1.25	1.65	0.26	3.39	7.0	36.9	48.5	7.7
2019	0.57	4.27	−0.44	0.40	4.80	11.9	88.8	−9.1	8.4
2020	0.14	−0.36	−0.72	2.84	1.90	7.1	−18.7	−38.0	149.5
2021	0.27	0.22	0.74	0.11	1.34	20.0	16.6	55.5	7.9

表3　黄羽肉鸡产业链各环节收益情况

年度	单位收益（元/只，出栏商品鸡）				全产业链收益	收益分配情况(%)			
	祖代	父母代	商品养殖	屠宰		祖代	父母代	商品养殖	屠宰
2016	0.01	0.35	4.73	0.00	5.09	0.3	6.8	92.9	—
2017	0.01	0.03	2.52	0.00	2.56	0.3	1.2	98.5	—
2018	0.06	0.73	4.64	0.00	5.43	1.1	13.4	85.5	—
2019	0.10	1.71	7.33	0.00	9.14	1.1	18.8	80.2	—
2020	0.11	0.12	1.14	0.00	1.37	8.3	8.5	83.2	—
2021	0.10	−0.04	4.60	0.00	4.66	2.1	−0.8	98.7	—

平均更新周期为 597 天，延长了 31 天，单套种鸡月产量为 4.95 套父母代雏，同比减少 3.0%。父母代产能大于需求，平均更新周期为 410 天，缩短了 22 天，单套种鸡月产量为 11.74 只商品代雏，同比减少 5.7%。祖代实际利用率提升约 4.7%，父母代实际利用率降低 14.0%（表 4）。

由于商品代雏鸡质量上升，生产性能得到更好发挥，商品肉鸡生产效率有所提升：饲养周期缩短 0.8 天，只均出栏体重减少 0.02 千克，饲料转化率提高 4.1%，生产消耗指数下降 3.9，欧洲效益指数提高 18.9（表 5）。

2. 黄羽肉鸡父母代种鸡利用率提高，商品肉鸡生产效率提升

2021 年黄羽肉鸡祖代种鸡使用周期延长，平均更新周期为 369 天，延长了 14 天，单套种鸡月产量为 3.58 套父母代雏，同比减少 11.7%。父母代产能持续下降，年底有所企稳；平均更新周期 382 天，延长了 16 天；单套种鸡月产量为 8.53 只商品代雏，同比减少 0.5%。祖代实际利用率降低 4.6%，父母代实际利用率提升 7.9%（表 6）。

表 4　白羽肉种鸡生产参数

年度	祖代		父母代	
	饲养周期（天）	单套月产量 [套 /（月·套）]	饲养周期（天）	单套月产量 [只 /（月·套）]
2016	624	4.54	370	12.24
2017	709	5.22	373	12.27
2018	657	5.08	416	12.32
2019	637	5.74	469	12.28
2020	566	5.11	433	12.45
2021	597	4.95	410	11.74

表 5　白羽肉鸡商品肉鸡生产参数

年度	出栏日龄（天）	出栏体重（千克）	料重比	成活率（%）	生产消耗指数	欧洲效益指数
2012	45.0	2.33	2.00	93.6	117.7	242.3
2013	44.1	2.32	1.95	94.3	115.7	254.6
2014	43.9	2.35	1.88	95.1	112.0	271.4
2015	44.2	2.31	1.86	95.1	111.6	266.2
2016	44.0	2.37	1.79	95.1	106.9	285.8
2017	43.8	2.48	1.74	95.0	103.4	309.5
2018	43.6	2.56	1.73	95.9	102.6	325.8
2019	43.8	2.51	1.74	96.0	104.1	315.5
2020	44.2	2.65	1.70	95.7	100.8	337.4
2021	43.4	2.63	1.63	96.1	96.9	356.3

表6　黄羽肉种鸡生产参数

年度	祖代		父母代	
	饲养周期（天）	单套月产量[套/(月·套)]	饲养周期（天）	单套月产量[只/(月·套)]
2016	372	3.32	447	9.55
2017	367	3.57	430	8.85
2018	347	4.54	414	9.69
2019	357	4.58	373	9.90
2020	355	4.06	367	8.57
2021	369	3.58	382	8.53

表7　黄羽肉鸡商品肉鸡生产参数

年度	出栏日龄（天）	出栏体重（千克）	料重比	成活率（%）	生产消耗指数	欧洲效益指数
2012	85.9	1.69	2.75	94.9	152.9	67.7
2013	86.7	1.76	2.72	96.6	149.2	71.8
2014	90.4	1.78	2.82	96.4	152.1	67.3
2015	89.1	1.84	2.84	96.0	151.5	69.8
2016	91.3	1.89	2.81	95.9	150.2	70.5
2017	98.3	1.92	3.02	95.9	161.9	62.0
2018	97.3	1.95	3.00	95.5	167.3	63.9
2019	97.1	1.95	2.97	95.4	163.8	64.6
2020	98.7	1.87	3.13	94.5	168.9	57.4
2021	95.2	1.95	3.06	95.1	164.2	63.6

2021年商品肉鸡生产效率有所提升，出栏日龄缩短3.5天，饲料转化率提升2.2%，生产消耗指数降低4.7，欧洲效益指数提高6.2（表7）。

（五）鸡肉产品进口量减少，出口量增加，贸易逆差缩小

2021年我国鸡肉进口数量略有减少，仍是世界上主要鸡肉进口国之一，出口数量小幅增加。

2021年鸡肉产品进口147.1万吨，同比减少4.2%；鸡肉产品出口45.7万吨，同比增长17.7%。进口鸡肉产品基本是初加工的冷冻或生鲜鸡肉，其中又以鸡翅和鸡爪占比较大，占总量的68.1%。鸡肉产品出口以深加工制品为主，占59.1%。2021年贸易逆差18.89亿美元，同比减少10.4%（图7，表8）。

2021年种用与改良用鸡进口163.2万只，同比增长9.1%；交易金额4 059.3万美元，同比增长13.6%；无种用与改良用鸡出口。进口的种用与改良用鸡为白羽肉鸡和蛋鸡祖代雏鸡，其中引进白羽肉鸡祖代86.77万套，占整体更新量的69.6%，

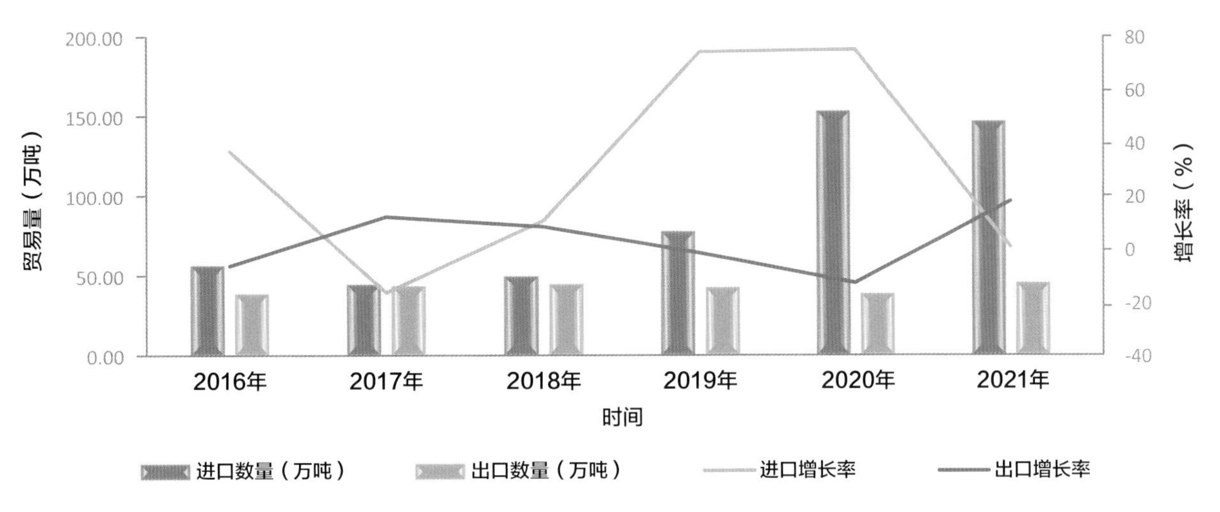

图 7　2016—2021 年鸡肉进出口贸易变化趋势

表 8　鸡肉及产品进出口贸易情况

年度	进口			出口			贸易差		
	数量（万吨）	贸易额（亿美元）	贸易额增长率（%）	数量（万吨）	金额（亿美元）	贸易额增长率（%）	数量（万吨）	贸易差额（亿美元）	贸易差额增长率（%）
2016	56.9	12.3	36.7	39.2	13.0	-6.3	-17.8	0.7	-85.6
2017	45.1	10.3	-16.4	43.7	14.6	12.1	-1.4	4.3	512.6
2018	50.3	11.4	10.6	44.7	15.8	8.3	-5.6	4.4	2.8
2019	78.2	19.8	74.1	42.8	15.5	-1.6	-35.4	-4.3	-196.5
2020	153.5	34.6	75.0	38.8	13.6	-12.8	-114.7	-21.1	395.1
2021	147.1	34.8	0.6	45.7	16.0	17.8	-101.4	-18.9	-10.4

较 2020 年降低 3.2 个百分点；平均进口价格为 40.85 美元 / 套，上涨 0.5%。

（六）鸡肉消费增速减缓

2021 年我国鸡肉消费量继续增加，达到 2 090.4 万吨，较 2020 年增加 132.1 万吨，增长 6.7%；人均消费量为 14.77 千克，增长 6.5%。

2021 年鸡肉消费延续 2020 年的变化趋势：一是新零售业态持续发展，鸡肉在传统肉类零售市场的销售数量下降；电商、快餐等渠道促进南北方鸡肉消费的渗透与延伸，鸡肉的区域性消费特点持续淡化。二是由于活禽市场关闭，南方地区黄羽肉鸡消费受到影响，黄羽肉鸡冰鲜产品比例增加。三是团餐与外卖菜品中对小型白羽肉鸡的使用量继续增加（图 8）。

二、2022 年肉鸡生产形式展望

（一）上半年肉鸡产能将继续调整，下半年有望逐渐平稳恢复

截至 2021 年末，肉鸡产能仍然过剩。预计 2022 年上半年鸡肉产能持续下降，

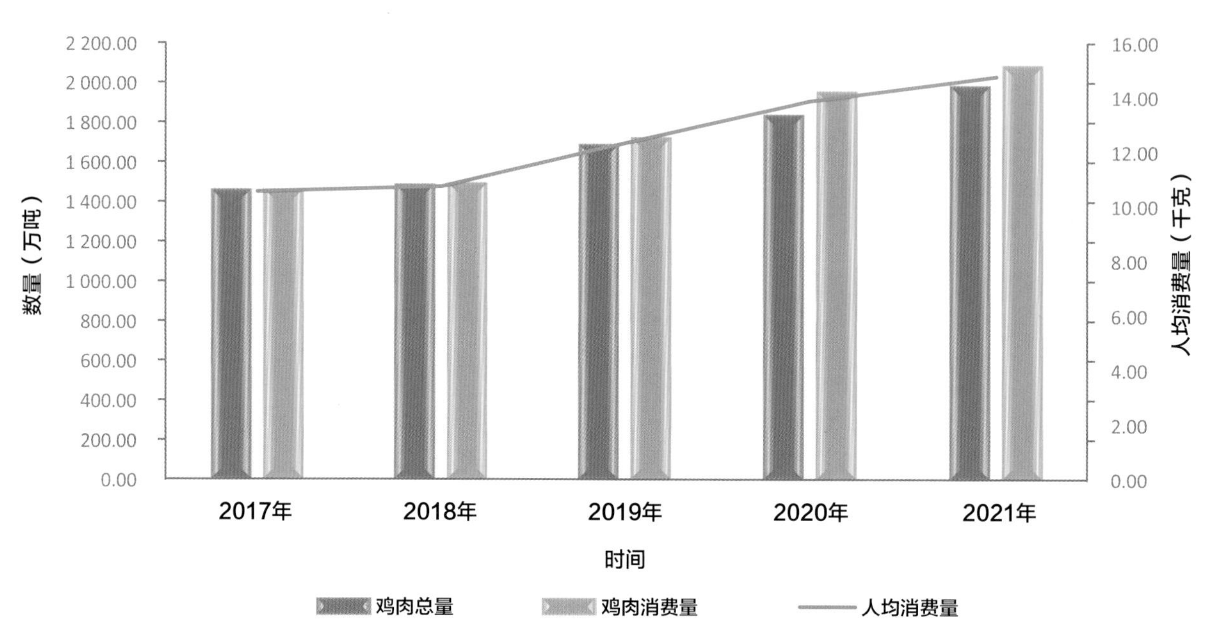

图8　近5年鸡肉总量、消费量及人均消费量变化趋势

下半年产能将逐渐平稳，出栏量可能小幅回升。预计2022年鸡肉产量有所减少，其中白羽肉鸡减幅较大，黄羽肉鸡和小型白羽肉鸡保持平稳略增。同时，随着生猪产能趋于平稳，鸡肉消费量波动也将减小，鸡肉供需总体趋于平衡。

（二）种业振兴推动产业进步，行业集中度将提高

2021年国家对种业高度重视，地方政府和企业也加大对种业的投入。预计2022年企业对优势品种的推广和研发投入力度将大幅增加，肉鸡品种竞争将更为激烈，行业竞争加剧，集中度有望进一步提高。

（三）肉鸡生鲜和预制品市场快速发展，将成为产业转型和发展的重要推动力

一方面，2021年全国新增42个城市取消活禽交易，截至年底共有138个城市禁止活禽销售。由于活禽销售范围不断缩小，中大城市等重点消费区域逐渐向生鲜鸡转变，黄羽肉鸡生产企业加快屠宰和生鲜布局，积极建设屠宰场、配送冷链，并推进相关育种工作。另一方面，随着终端消费和行业集中度的提升，黄羽肉鸡企业也将前后延伸产业链，鸡肉预制菜品市场得到重视，将成为产业发展的主要推动力。

（四）饲料价格居高不下，行业进入极限成本竞争，中小户加速融入一体化企业成为专业合作户

虽然鸡肉消费量近几年增加较多，但2019—2021年新增的产能仍需要1~2年方能消化。因此，未来2~3年内肉鸡行业盈利水平将在历史平均线附近徘徊，且偏低的时间更长。今后一个时期，行业竞争以成本控制为主，企业的生产成本必须低于行业平均成本方有发展的机会。近

年来龙头企业在高速扩张的同时，仍能保持高于行业平均值的盈利，其中饲料成本控制优势是其获得超额收益的主要因素。大型龙头企业不仅资金量充足，而且通过集中采购大幅降低饲料成本，相较于小规模生产者，大型企业在饲料成本上的优势可达 30% 左右。而散户和小规模生产者在饲料成本上存在劣势，今后可能会基于成本考虑，融入一体化企业成为专业合作户。

2021 年奶业发展形势及 2022 年展望

摘　要

2021 年，我国奶业发展保持良好势头，提质增效开创新局面，各项生产指标和效益指标全面增长，国产奶粉市场竞争力增加，婴幼儿配方奶粉进口量连续 2 年下降。全年牛奶产量达到 3 683 万吨，同比增长 7.1%，创历史新高。年末全国荷斯坦奶牛存栏量同比增长 10.9%；单产水平 8.7 吨，同比增长 4.8%。全年生鲜乳平均价格 4.34 元 / 千克，同比增长 11.3%；每头成母牛年平均产奶利润 6 840 元，同比增长 27.8%，为近年来最好水平[①]。展望 2022 年，随着国家奶业振兴行动深入推进，奶牛存栏和生鲜乳产量将保持稳步增长，乳制品消费也将保持较快增长，奶业有望继续保持稳定向好的势头。

一、2021 年奶业形势

（一）生鲜乳产量持续增长，创历史新高

国家统计局数据显示，2021 年牛奶产量 3 683 万吨，同比增长 7.1%（图 1），

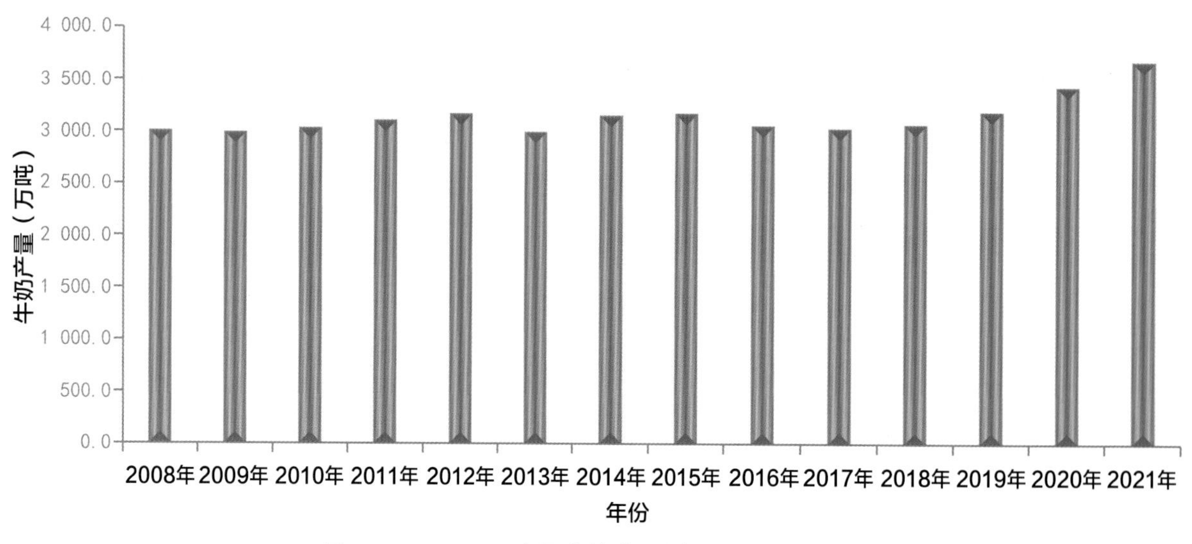

图 1　2008—2021 年国家统计局生鲜乳产量变化情况

① 本报告分析基于全国所有持证生鲜乳收购站和 644 个规模牧场等数据。

创产量历史新高。生鲜乳生产呈现明显的区域性和季节性特征。从区域看，北方仍是生鲜乳主产区，其中河北省、内蒙古自治区、宁夏回族自治区、山东省和黑龙江省 5 个省（区）为奶源优势产区。农业农村部生鲜乳收购站监测数据显示，2021 年上述 5 个省（区）生鲜乳产量同比增长 13.3%，比上年提高 3.4 个百分点，产量占全国总产量的 64.6%，优势产区带动全国增产的效应进一步显现。从季节看，夏季生鲜乳产量偏低，热应激的影响依然存在（图 2）。

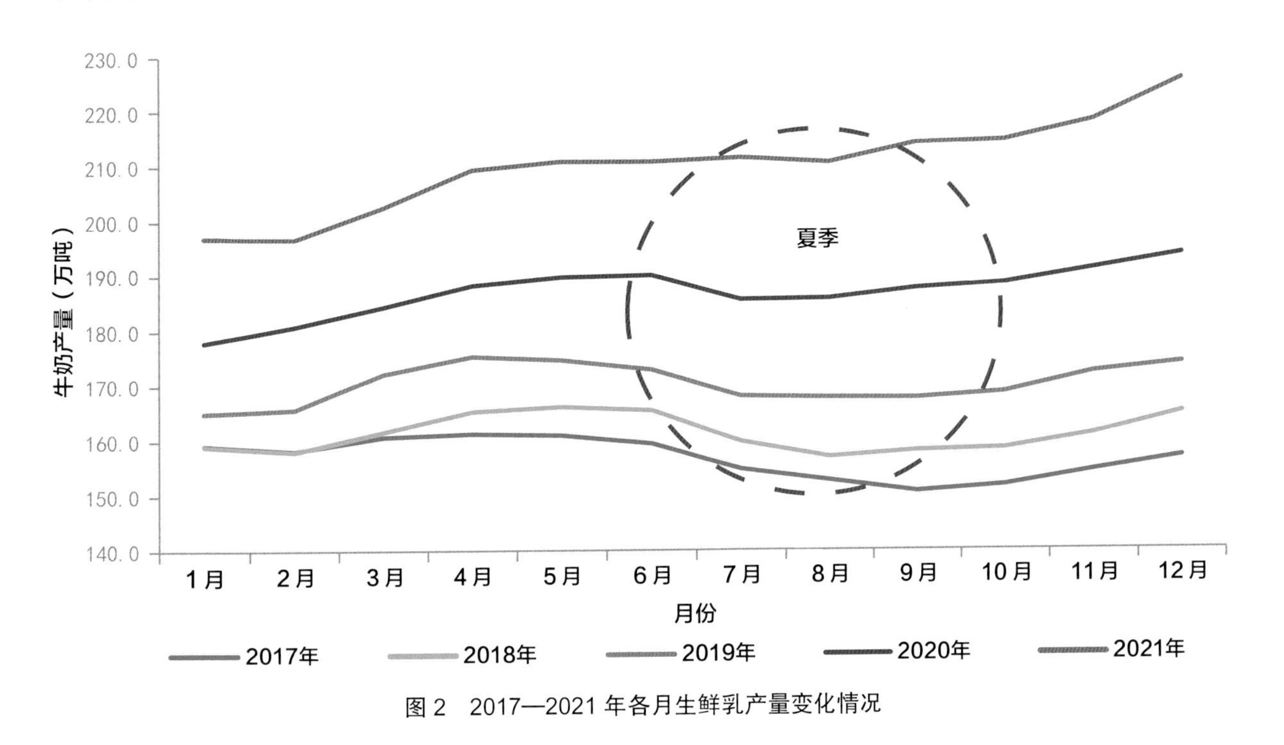

图 2　2017—2021 年各月生鲜乳产量变化情况

（二）奶牛存栏连续增长，区域优势明显

农业农村部生鲜乳收购站监测数据显示，2021 年末，全国荷斯坦奶牛存栏 561.2 万头，同比增长 10.9%（图 3），连续 2 年保持较快增长。从区域看，奶牛养殖仍以北方地区为主，奶源优势产区 5 个省（区）奶牛存栏占全国的比重达 62.6%（图 4），比上年提高 1.4 个百分点。

（三）散养户加快退出，规模化养殖程度不断提升

2021 年中小型牧场及养殖户继续退出，大型牧场养殖量持续增加。农业农村部生鲜乳收购站监测数据显示，截至 2021 年 12 月份，奶站所涉及的养殖场户数为 2.1 万户，同比减少 13.8%。全国奶牛养殖场（户）平均存栏量为 269 头，同比增长 28.7%，创 2017 年以来最大增幅，养殖规模化进程进一步加快，预计 100 头以上存栏规模比重达到 70%，比上年提高 3 个百分点（图 5）。

（四）奶牛生产性能不断提升，单产水平连创新高

随着低产奶牛加快淘汰，饲养管

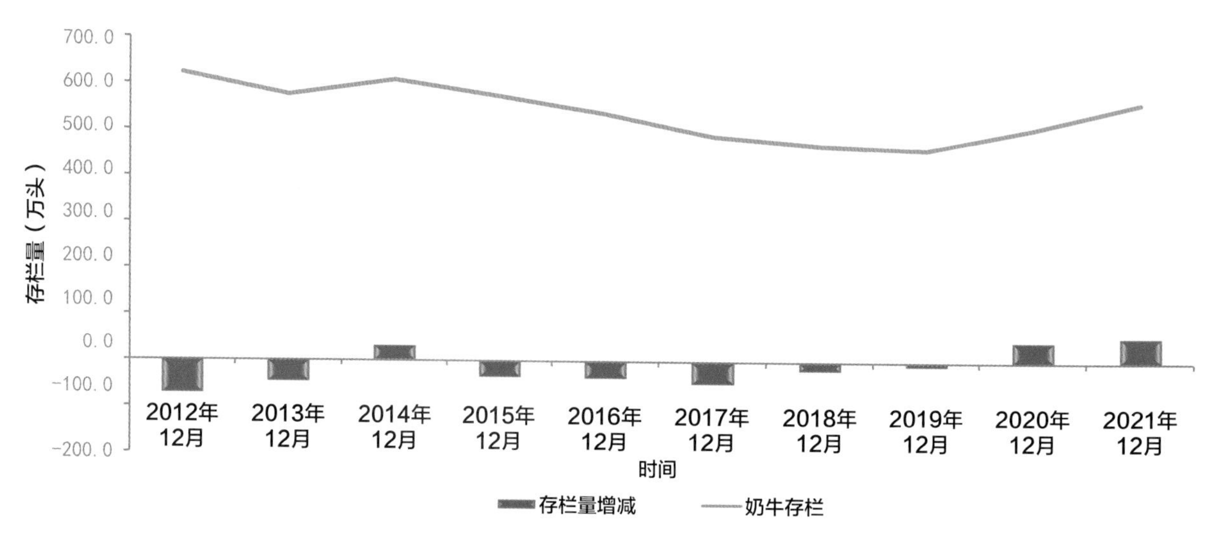

图 3　2012—2021 年全国荷斯坦奶牛存栏量变化情况

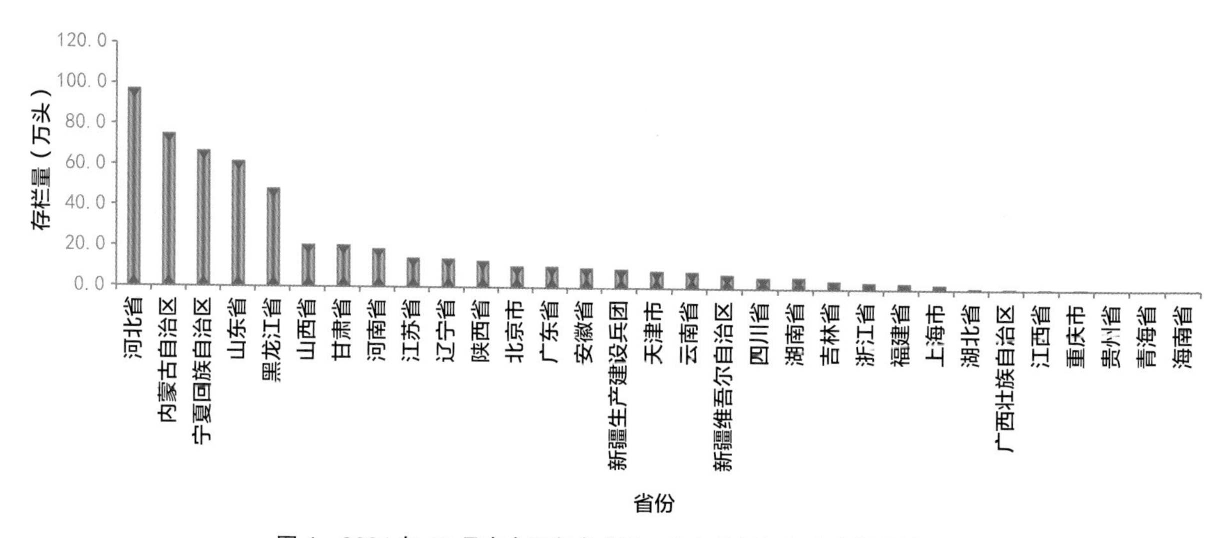

图 4　2021 年 12 月末全国各省（区、市）荷斯坦奶牛存栏量情况

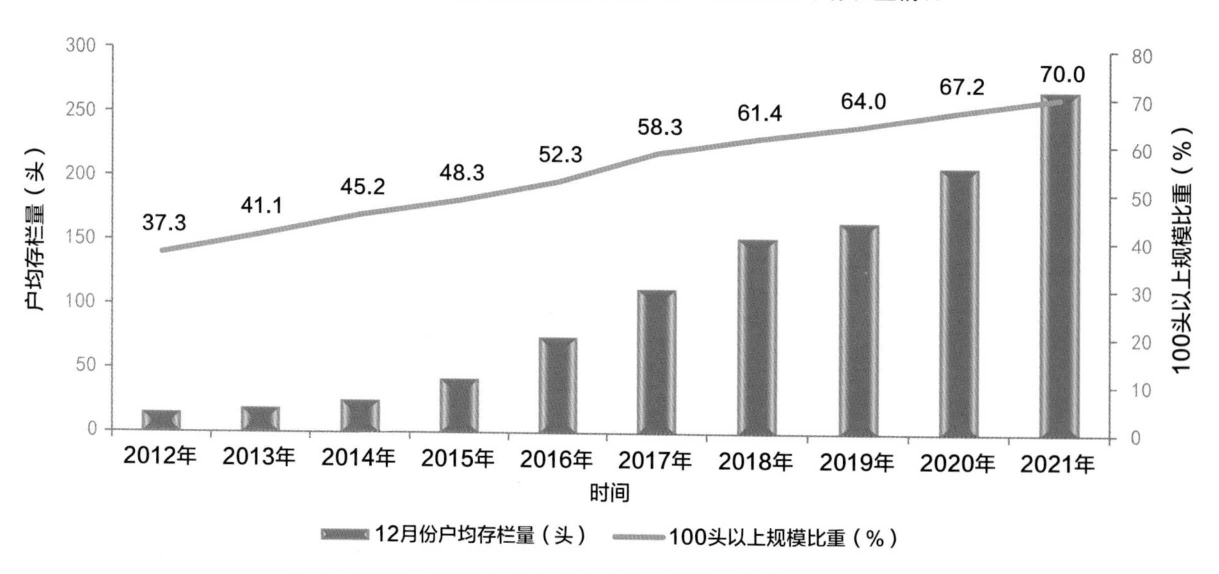

图 5　2012—2021 年奶牛养殖户均存栏量和规模比重变化情况

理水平持续提升，奶牛单产水平不断提高。农业农村部生鲜乳收购站监测数据显示，2021 年全国荷斯坦奶牛年均单产为 8.7 吨，同比增长 4.8%（图 6），创我国奶牛年均单产历史新高。

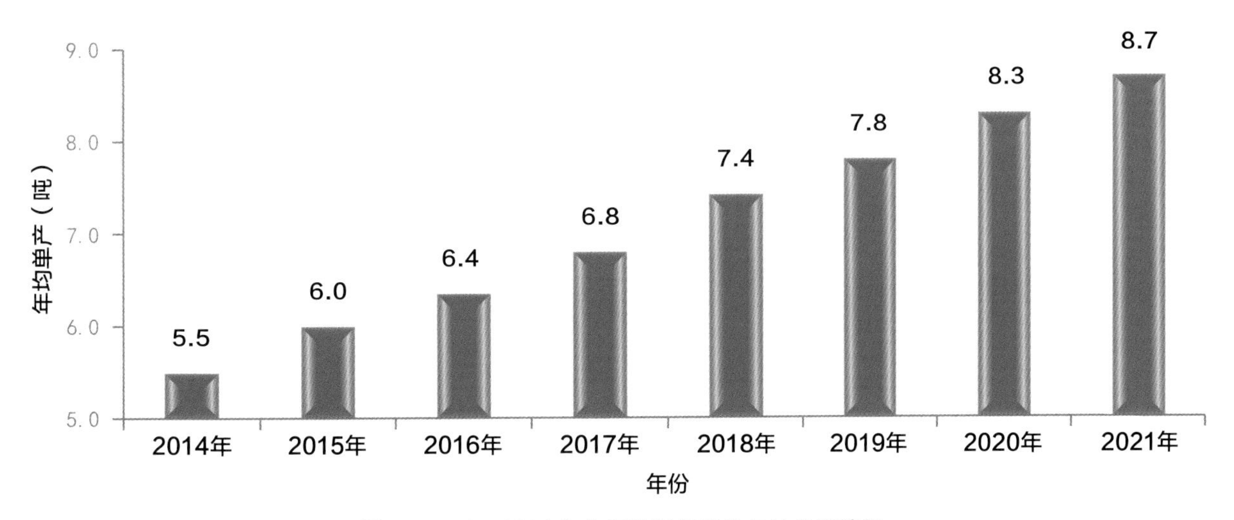

图 6　2014—2021 年全国荷斯坦奶牛年均单产情况

（五）生鲜乳价格持续高位运行，季节性波动减弱

农业农村部生鲜乳收购站监测数据显示，2021 年生鲜乳平均价格为 4.34 元 / 千克，同比上涨 11.3%（图 7、图 8），创自 2016 年以来生鲜乳价格新高。全年生鲜乳价格相对平稳，季节性需求变化影响趋缓，但南北方生鲜乳价格差异较大（以秦岭—淮河为界划分南北方）。2021 年 1—4 月，生鲜乳价格呈现季节性回落，降幅低于往年同期；5—12 月，生鲜乳价格呈现季节性上涨，涨幅低于往年同期。

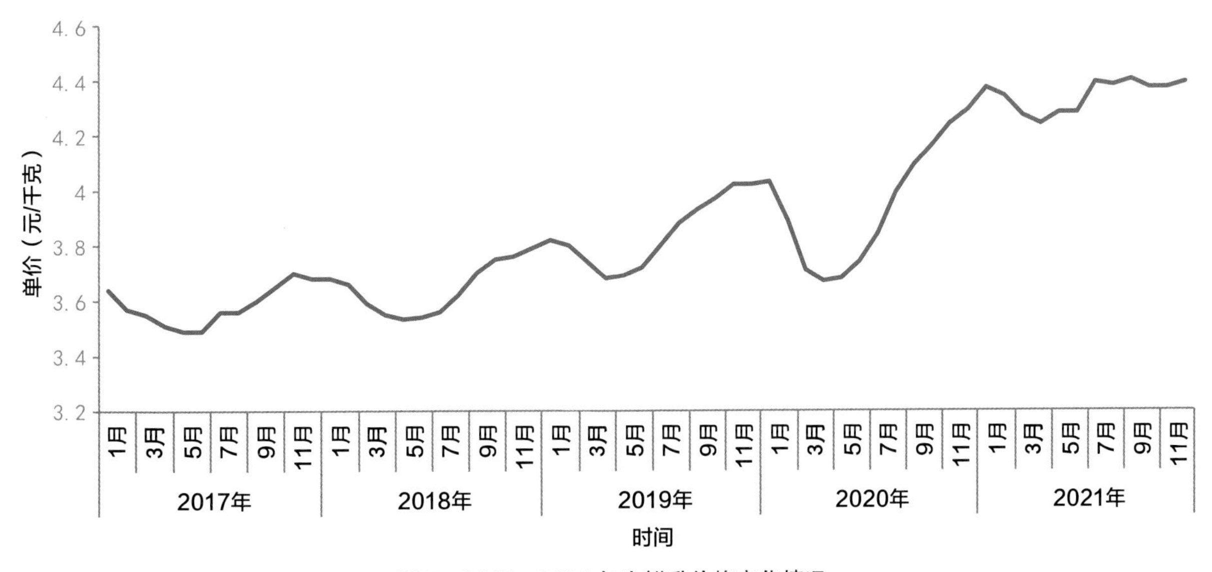

图 7　2017—2021 年生鲜乳价格变化情况

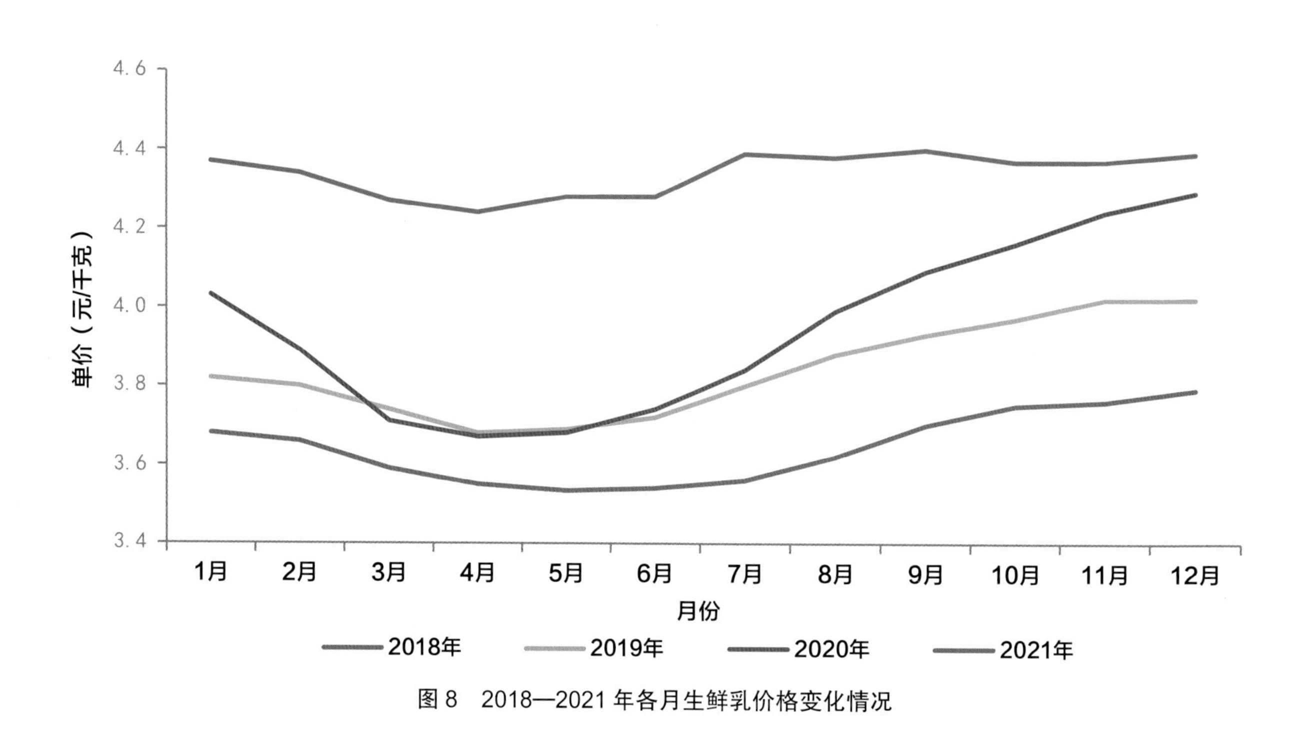

图8 2018—2021年各月生鲜乳价格变化情况

2021年，我国生鲜乳平均价格南方高于北方，尤其在夏季6—8月奶源供应紧缺时更为突出（图8）。全年南方生鲜乳总平均价格为4.94元/千克，北方生鲜乳总平均价格为4.27元/千克，南方较北方高出0.67元/千克（图9）。

（六）养殖效益增加，为近年来最好水平

虽然奶牛养殖成本明显上升，但生鲜乳价格也在上涨，奶牛养殖效益继续增加。农业农村部生鲜乳收购站监测数据显示，2021年生鲜乳平均成本3.53元/千克，

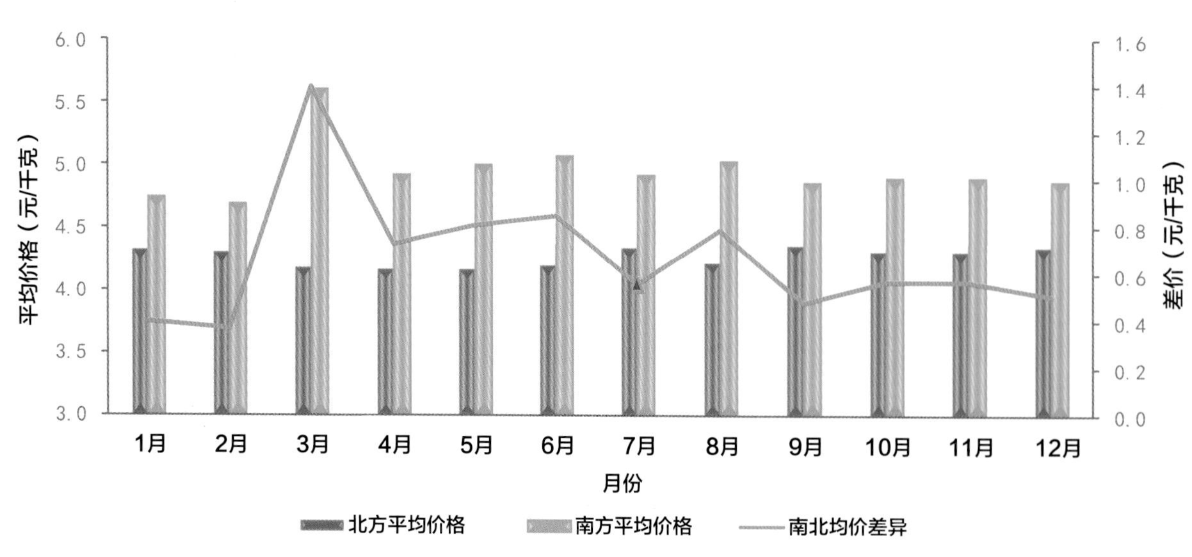

图9 2021年各月南北方生鲜乳平均价格变化情况

同比上涨 8.0%；其中饲料成本 2.50 元，同比上涨 8.5%，均创历史新高。生鲜乳价格涨幅高于生产成本涨幅，养殖效益随之增长，处于历史高位。2021 年每头成母牛年平均产奶利润为 6 840 元，同比增长 27.8%，为近 7 年来最好水平（图 10）。

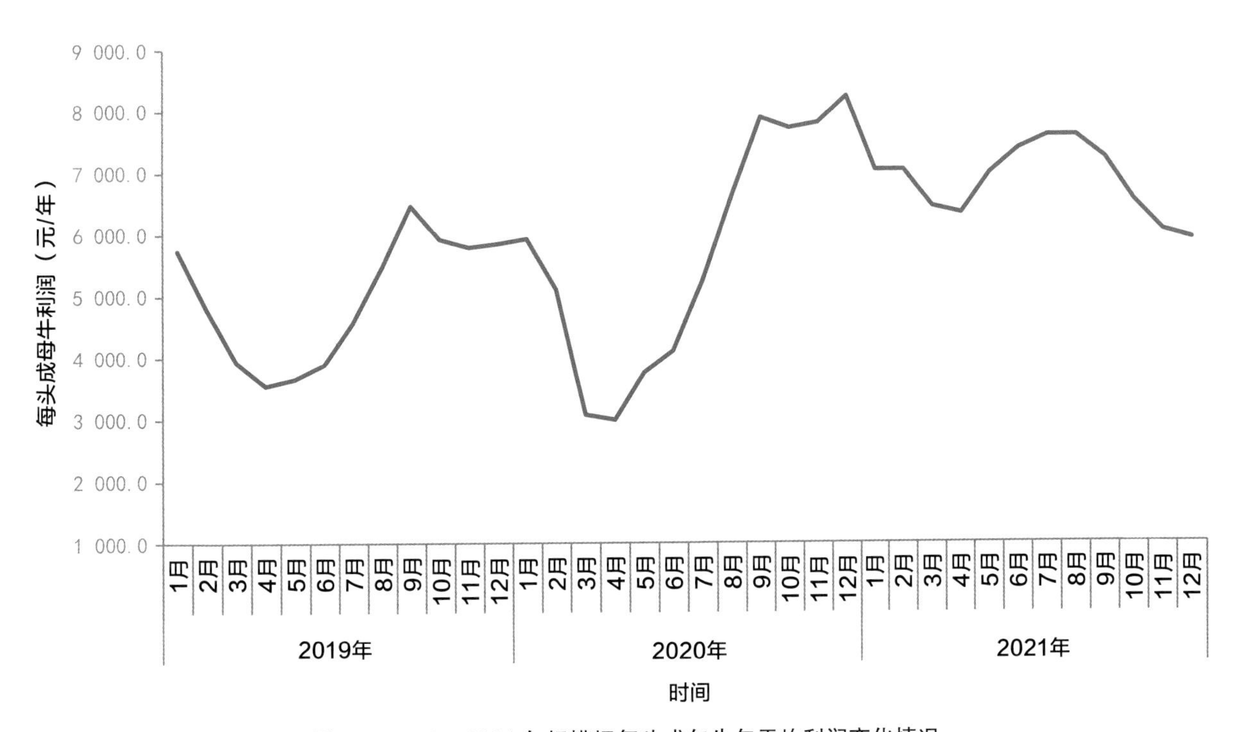

图 10　2019—2021 年规模场每头成年牛年平均利润变化情况

（七）消费需求呈增加趋势，乳制品产量持续增加

随着居民收入水平和健康意识提升，2021 年乳制品消费市场保持良好态势，乳品消费量持续增长。乳制品产量持续增长，国家统计局数据，2021 年我国乳制品产量 3 031.7 万吨，同比增加 9.4%。2021 年我国人均乳品消费量折合生鲜乳达到 42.5 千克，比 2020 年增加 4.1 千克。

（八）乳制品和牧草进口量继续增长

海关总署数据显示，2021 年全国乳制品进口总量为 394.7 万吨，同比增长 18.5%（图 11）。奶粉进口量为 153.7 万吨，同比增长 16.8%（其中含婴幼儿配方奶粉 26.2 万吨，同比减少 22.0%）；乳清粉进口量为 72.3 万吨，同比增长 15.5%。婴幼儿配方奶粉进口量持续减少，且降幅明显加大，主要原因是奶业振兴行动深入实施，奶牛养殖技术和乳品加工能力提升，我国乳制品品质达到发达国家水平，有效提振了消费者信心，促进国产乳制品消费增长。乳清粉进口增加，主要是生猪生产加快恢复，仔猪饲料用乳清粉的需求增加。

随着我国奶牛存栏增加，国产牧草存在缺口，牧草进口量继续增加。2021 年

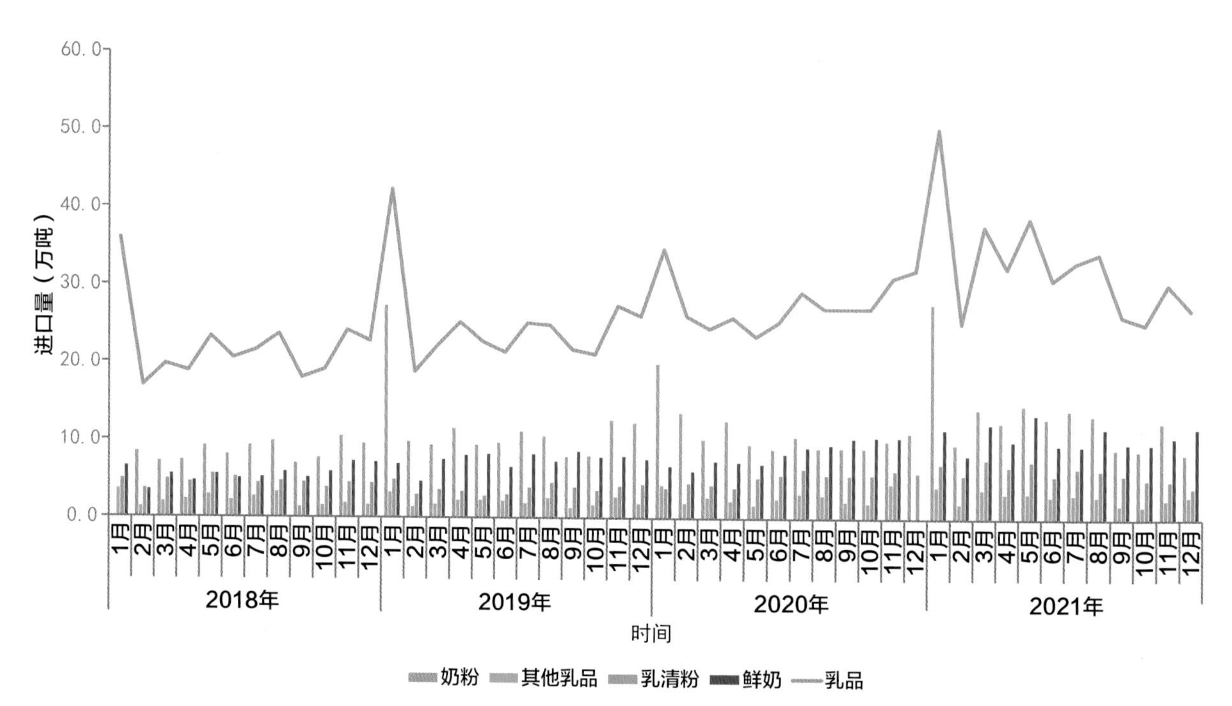

图 11　2018—2021 年全国乳制品进口量变化情况

（数据来源：中国海关）

我国草产品进口总量 204.5 万吨，同比增长 19.0%。其中，苜蓿干草进口 178.0 万吨，同比增长 31.0%（图 12）；平均到岸价格 382.0 美元 / 吨，同比上涨 6.0%。燕麦草进口 21.3 万吨，同比减少 36.0%；平均到岸价格 343.0 美元 / 吨，同比下跌 1.0%。

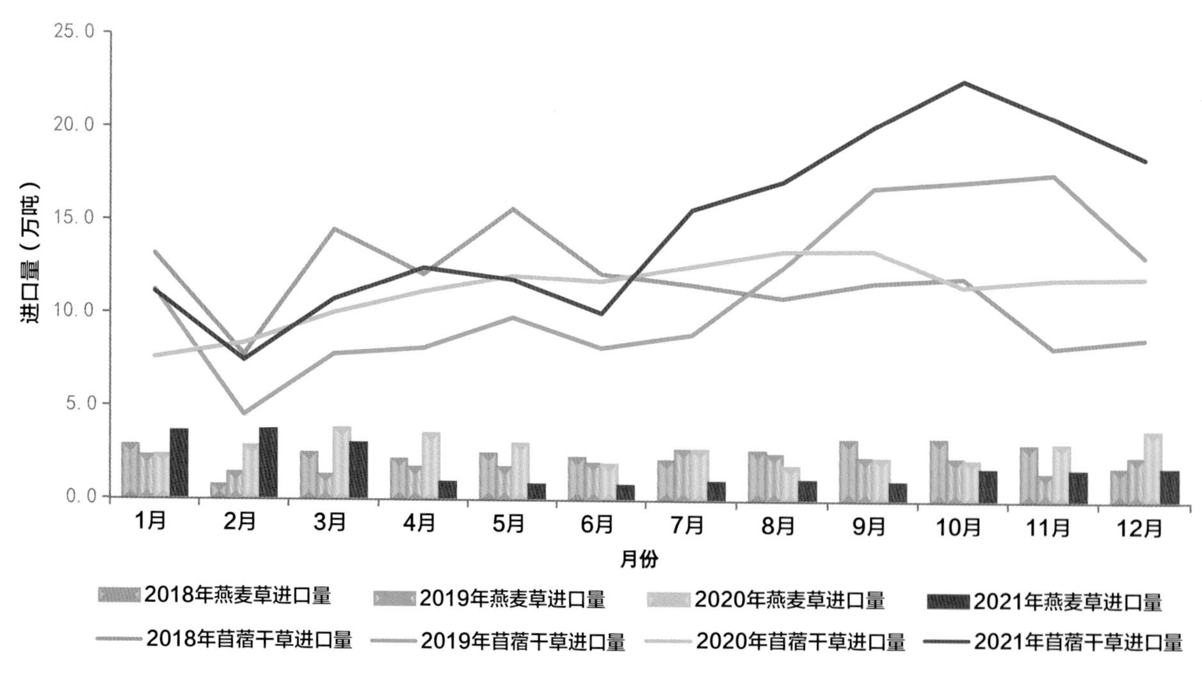

图 12　2018—2021 年全国干草进口量变化情况

（数据来源：中国海关）

二、2022 年奶业生产形势展望

（一）产业素质持续提升，牛奶产量有望再创新高

随着奶业振兴行动深入推进和奶业主产省（区）发展的带动，2022 年奶牛存栏量和规模化比重将稳步增长，奶牛单产水平将持续提高，牛奶产量有望再创新高，预计达到 3 900 万吨左右。

（二）乳制品消费量继续增长，生鲜乳价格将高位运行

近年来，在政策引导、品牌带动、宣传推动等作用下，消费者对国产乳制品信心大幅提升，消费意愿更加强烈，预计 2022 年乳制品消费量将继续增长。随着消费者对酸奶、低温奶、奶酪等乳制品消费量的增加，原料奶需求将进一步增加，生鲜乳价格将保持高位运行，奶牛养殖收益有望保持在较好水平。

（三）奶业全产业链竞争力增强，高质量发展进程加快

2022 年，奶业主产省（区）奶源基地建设有望进一步加快，乳制品供给和消费需求将更加契合，乳品质量安全有望继续保持高水平，行业科技创新能力将持续提升，奶牛场物联网和智能化设施设备将加快应用，奶牛养殖机械化、信息化、智能化水平将得到明显提升，进一步推动我国奶业高质量发展。

2021 年肉牛产业发展形势及 2022 年展望

摘 要

2021 年，我国肉牛产业发展继续向好，产业素质持续提升，产量稳步增加，牛肉进口增幅收窄，市场供应偏紧态势有所缓解，牛肉进口增幅和价格涨幅收窄。国家统计局数据显示，2021 年全国牛肉产量 698 万吨，同比增长 3.7%。农业农村部肉牛生产监测数据（以下简称“监测数据”）显示[①]，2021 年末，肉牛存栏同比增长 7.4%，能繁母牛存栏同比增长 10.5%，全年牛肉市场价格同比上涨 2.9%。预计 2022 年，产能稳中略增，牛肉产量继续保持增长，但供给仍将偏紧，价格维持高位运行。

一、2021 年肉牛产业形势

（一）产能稳步提升，处于近年高位

随着“粮改饲”、乡村产业振兴战略的持续推进，以及部分地区加大政策扶持力度，肉牛养殖实现稳定发展，能繁母牛存栏明显增长。监测数据显示，2021 年 12 月份，肉牛存栏量同比增长 7.4%，能繁母牛存栏量同比增长 10.5%，均处于近年高位；能繁母牛存栏比重为 45.9%，比上年增加 1.1 个百分点；全年新生犊牛数同比增长 5.7%。

（二）规模化进程进一步加快，产业素质持续提升

伴随草食畜牧业高质量发展的持续推进，以及肉牛肉羊增量提质行动项目的实施，肉牛产业素质持续提升。一是肉牛养殖集中度和规模化水平提高。监测数据显示，2021 年 12 月份，肉牛养殖户数同比下降 1.3%，规模场数量同比增长 7.4%；养殖户平均肉牛存栏量同比增长 9.6%，规模场肉牛场均存栏量同比增长 5.4%。二是肉牛生产效率提升。监测数据显示，2021 年能繁母牛繁殖成活率 61.5%，比 2016 年提高 5.7 个百分点；2021 年出栏肉牛头均活重 581 千克，同比增长 1.3%；

① 本报告分析判断主要基于 22 个省（区、市）100 个县的 500 个定点监测行政村、1 500 个定点监测户、约 2 500 家年出栏肉牛 100 头及以上规模养殖场的养殖量及成本效益等数据。

2021 年出栏肉牛头均育肥增重 321 千克，同比增长 4.0%。

（三）生产稳定增长，供应紧平衡态势有所缓解

国家统计局数据显示，2021 年牛肉产量 698 万吨，同比增长 3.7%，人均表观牛肉消费量达到 6.59 千克，同比增长 5.2%，占人均肉类消费比重上升至 9.5%（图 1）。随着牛肉市场供应的增加，供应紧平衡态势有所缓解，价格涨幅减少。监测数据显示，2021 年全国牛肉平均价格为 86.49 元 / 千克，同比上涨 2.9%，比上年涨幅收窄 12 个百分点（图 2）。

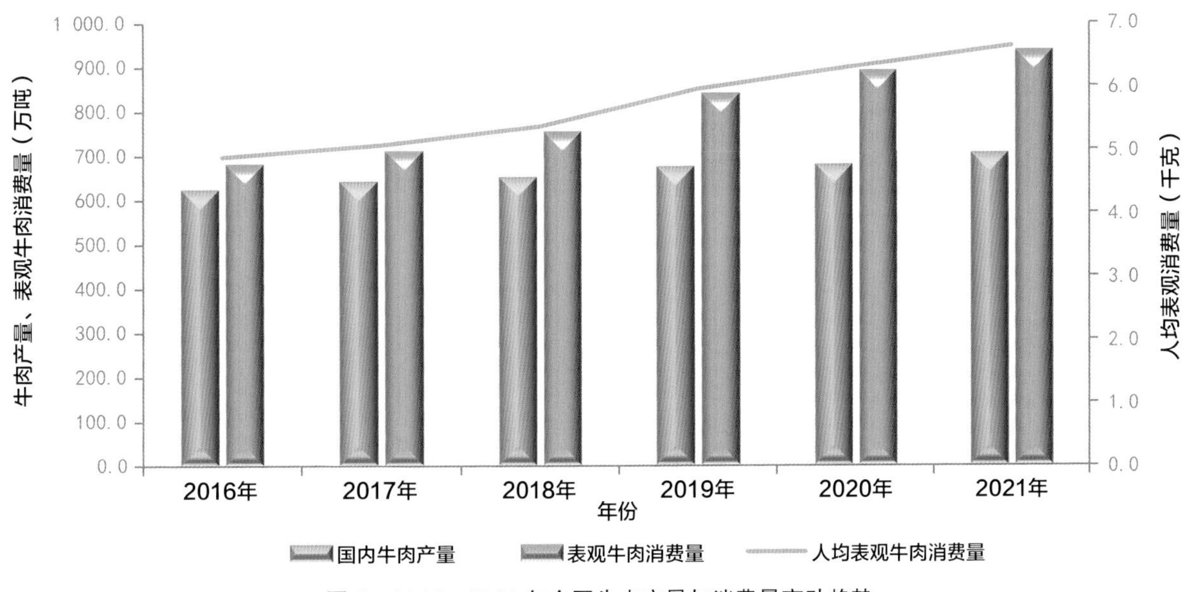

图 1　2016—2021 年全国牛肉产量与消费量变动趋势

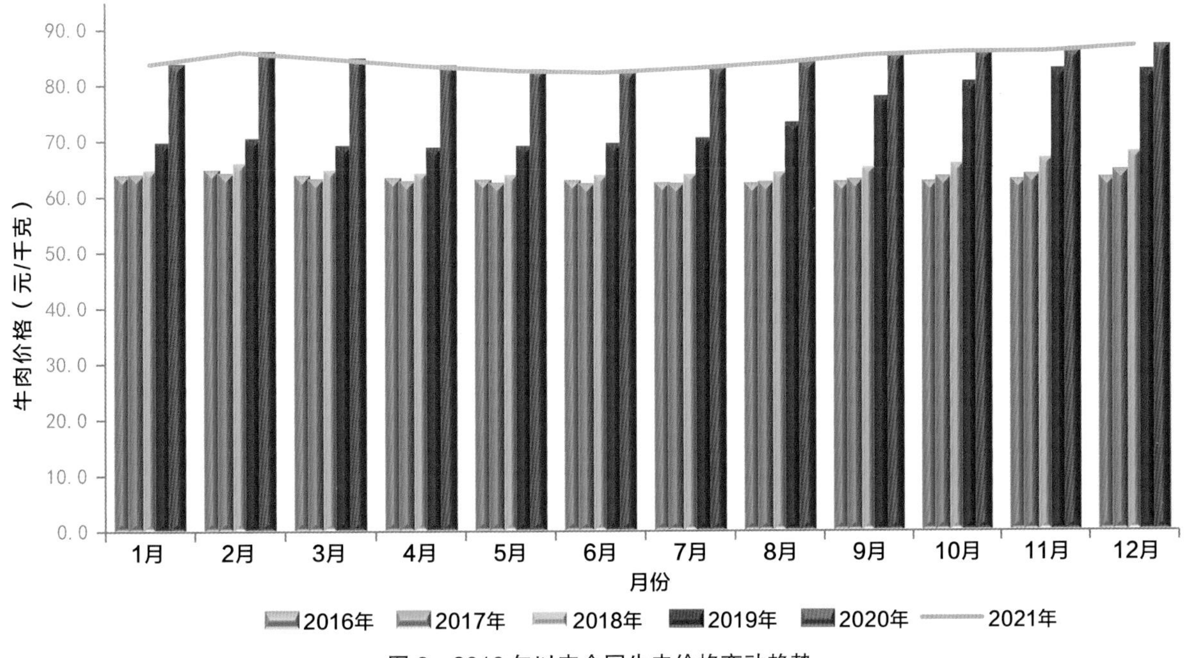

图 2　2016 年以来全国牛肉价格变动趋势

（四）架子牛供给仍然偏紧，繁育户盈利好于育肥户

监测数据显示，2021年底犊牛（架子牛）价格为每千克43.67元，同比上涨1.2%。繁育出售架子牛头均纯收益为6 115.3元，同比增长20.1%（1 024.3元/头）（图3）。受饲草料、犊牛成本上涨及出栏活牛价格涨幅收窄的影响，本年育肥户盈利有所减少。监测数据显示，2021年育肥出栏肉牛头均犊牛（架子牛）成本、粗饲料成本、精饲料成本同比分别增长7.4%（679.8元/头）、14.4%（201.14元/头）、19.1%（437.4元/头），头均纯收益为2 935.9元，同比下降9.4%（306.1元）。

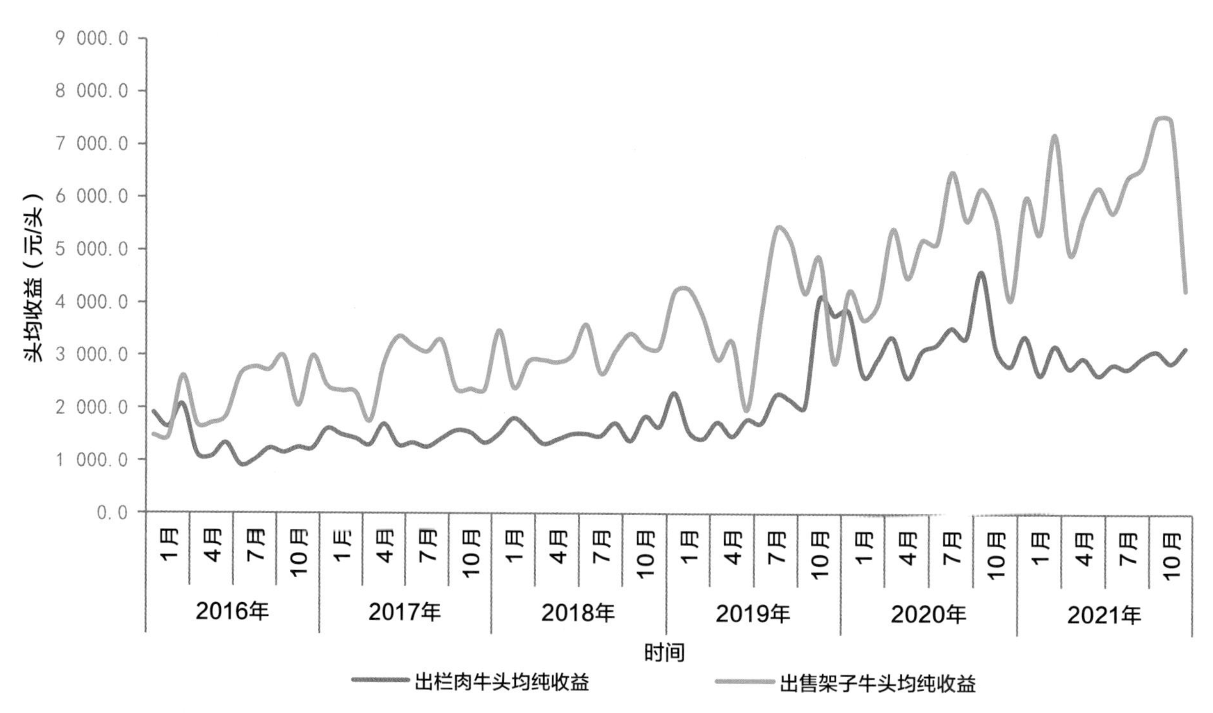

图3 2016—2021年不同饲养类型头均收益变动趋势

（五）牛肉进口增速放缓，价格上涨

受国内生猪生产恢复、澳大利亚牛肉供应下降及对华出口企业减少、阿根廷出台牛肉出口限制政策等因素影响，牛肉进口增速放缓。2021年，我国牛肉进口量233.3万吨（图4），同比增长10.1%，远低于上年27.9%的增幅。牛肉平均到岸价格5 353.5美元/吨（折合人民币33.9元/千克），同比上涨11.5%。

进口牛肉主要来自巴西、阿根廷、乌拉圭、新西兰和澳大利亚。其中，巴西85.8万吨，占比36.8%；阿根廷46.5万吨，占比19.9%；乌拉圭35.5万吨，占比15.2%；新西兰20.2万吨，占比8.7%；澳大利亚16.3万吨，占比7.0%。2021年，我国从乌拉圭、新西兰进口牛肉比上年分别增加54.6%（12.6万吨）、18.8%（3.2万吨），从澳大利亚、阿根廷进口牛肉比上年分别减少35.9%（9.1万吨）、3.6%

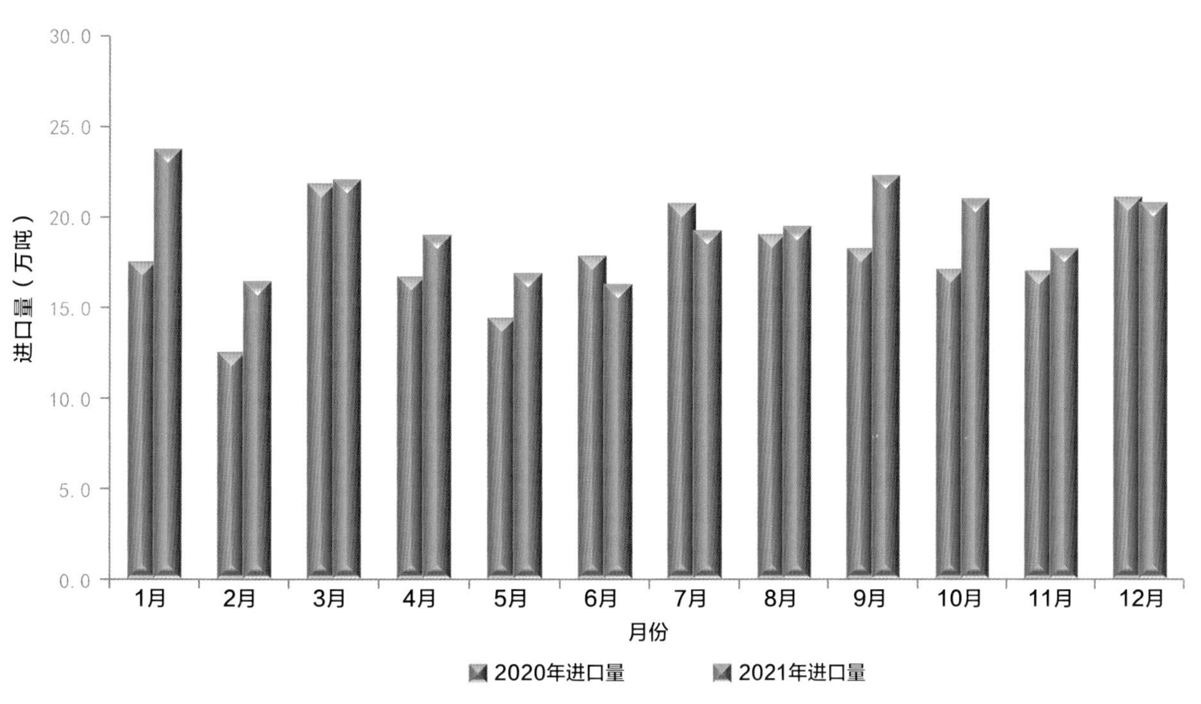

图 4　我国牛肉进口量变动情况

（1.7 万吨）。

二、2022 年肉牛生产形势展望

（一）产能稳中有升，产量保持增长

一是相关利好政策助推肉牛养殖稳定发展。2021 年，国家出台《推进肉牛肉羊生产发展五年行动方案》，提出到 2025 年，牛肉产量稳定在 680 万吨，肉牛规模养殖比重达到 30%。印发《黄河流域生态保护和高质量发展规划纲要》，提出做强农牧业，加大对黄河流域生猪（牛羊）调出大县奖励力度，在内蒙古、宁夏、青海等省（区）建设优质奶源基地、现代牧业基地等。加上“粮改饲”、乡村产业振兴、草牧业高质量发展等利好政策，将推动肉牛养殖进一步发展。二是母牛增长带动牛源供应增加。监测数据显示，2016 年以来，新生犊牛数年均增速为 5.9%，2020 年、2021 年新生犊牛数同比分别增长 9.1%、5.7%，牛源增加形成的产能将在 2022 年逐步释放。三是产量保持增长。在牛源供应和出栏活重增加的支撑下，牛肉产量将继续增长。预计 2022 年肉牛存栏继续保持增加，特别是在 3—6 月的犊牛出生高峰期，存栏将明显增长，牛肉产量增幅预计超过 2021 年水平。

（二）生产成本持续高位，养殖效益延续 2021 年趋势

一是饲草料成本保持高位。2021 年，玉米、青贮玉米、秸秆等饲草料价格明显上涨，推升肉牛养殖成本。预计 2022 年，尤其是上半年，饲草料价格仍处于高位，肉牛养殖的饲草料成本与 2021 年相比持

平或略增。二是犊牛价格仍然保持高位。受肉牛繁殖效率偏低、生长周期较长影响，犊牛市场供应仍将趋紧，犊牛市场价格将继续处于高位，推高育肥成本。三是养殖效益延续 2021 年趋势。繁育方面，市场牛源依然偏紧，高企的犊牛价格使得繁育效益继续保持较好水平。育肥方面，成本与出栏价格同步处于高位，但出栏价格涨幅收窄，效益持平或略降。

（三）专业化进程加快，产业素质持续提升

随着散户的快速退出和规模养殖的发展，专业化分工格局将进一步形成，分户繁育、集中育肥等专业化养殖模式将得到更广泛的采用，产业素质将持续提升。一是母牛生产性能提升，在牧区畜牧良种补贴等项目实施下，母牛繁殖率、犊牛成活率等将继续提高。二是育肥效率提升，在专业化、良种化带动下，出栏活重将继续增加，养殖周转加快。三是规模养殖场粪污处理设施装备水平提高。随着整县推进畜禽粪污资源化利用项目的实施，将带动肉牛规模养殖场粪污处理设施装备进一步完善以及粪污综合利用率提升。

（四）市场供应仍将偏紧，价格小幅上涨

尽管母牛养殖和新生犊牛保持增长，但消费增长更快，预计 2022 年牛肉供应继续维持偏紧格局。进口量继续增长，增幅或将保持 2021 年水平。当前牛肉价格已处于历史高位，随着牛肉价格的继续上涨，高价位会一定程度抑制消费需求，压制后期牛肉价格上涨的幅度。

2021 年肉羊产业发展形势及 2022 年展望

摘　要

2021 年我国肉羊生产继续向好。国家统计局数据显示，全年羊出栏 33 045 万只，比上年增长 3.5%；羊肉产量 514 万吨，增长 4.4%。受居民消费结构升级带动，全年羊肉价格和肉羊出栏价格继续处于高位，肉羊养殖保持较好收益。全年进口羊肉 41.1 万吨，同比增长 12.5%。展望 2022 年，肉羊产业发展将继续保持良好势头，预计羊肉产量稳中有增，羊肉供需偏紧的状态会有所缓解，肉羊出栏价格和羊肉价格不会出现大幅波动，肉羊养殖继续保持较好收益。

一、2021 年肉羊产业形势

（一）羊肉产量明显增加，肉羊生产继续稳中向好

国家统计局数据显示，2021 年我国羊肉产量达到 514 万吨，同比增长 4.4%（图 1）。农业农村部监测数据[①]显示，

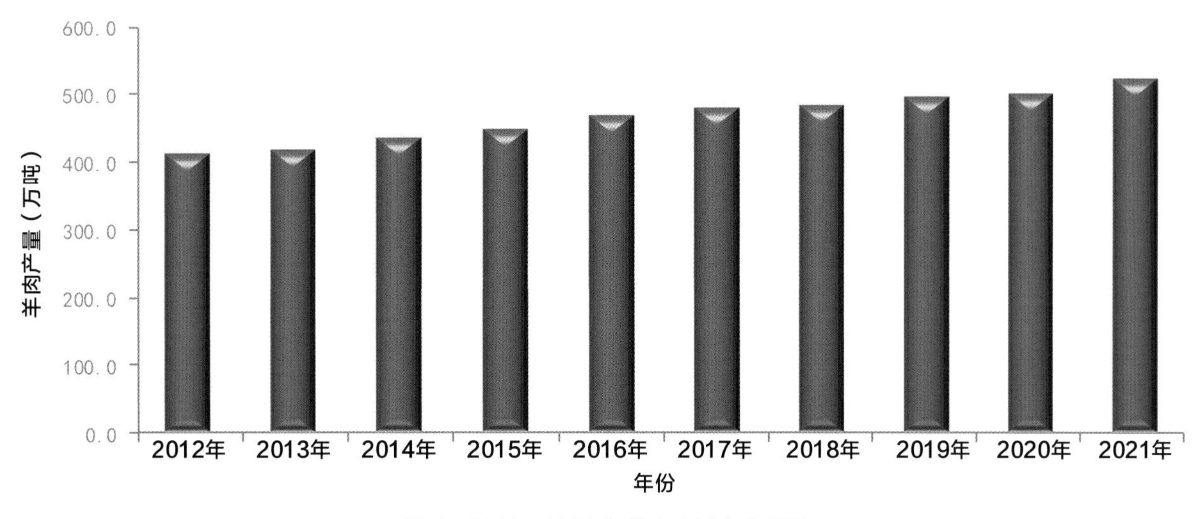

图 1　2012—2021 年羊肉产量变化情况

① 本报告分析主要基于全国 100 个养羊大县中 500 个定点监测村、1 500 个定点监测户和年出栏 500 只以上规模养殖场数据。

2021 年肉羊出栏量同比增长 1.8%（图 2）。2021 年末肉羊存栏量同比增长 1.0%；从存栏变化趋势来看，2021 年各月肉羊存栏量均高于去年同期水平和前 3 年同期平均水平（图 3）。2021 年末，能繁母羊存栏量同比微增 0.2%（图 4）；从能繁母羊存栏变化趋势来看，2021 年 4 月份，能繁母羊存栏同比自 2018 年以来首次由负转正，之后连续 9 个月保持同比增长。在能繁母羊存栏同比增长和生产性能提升的

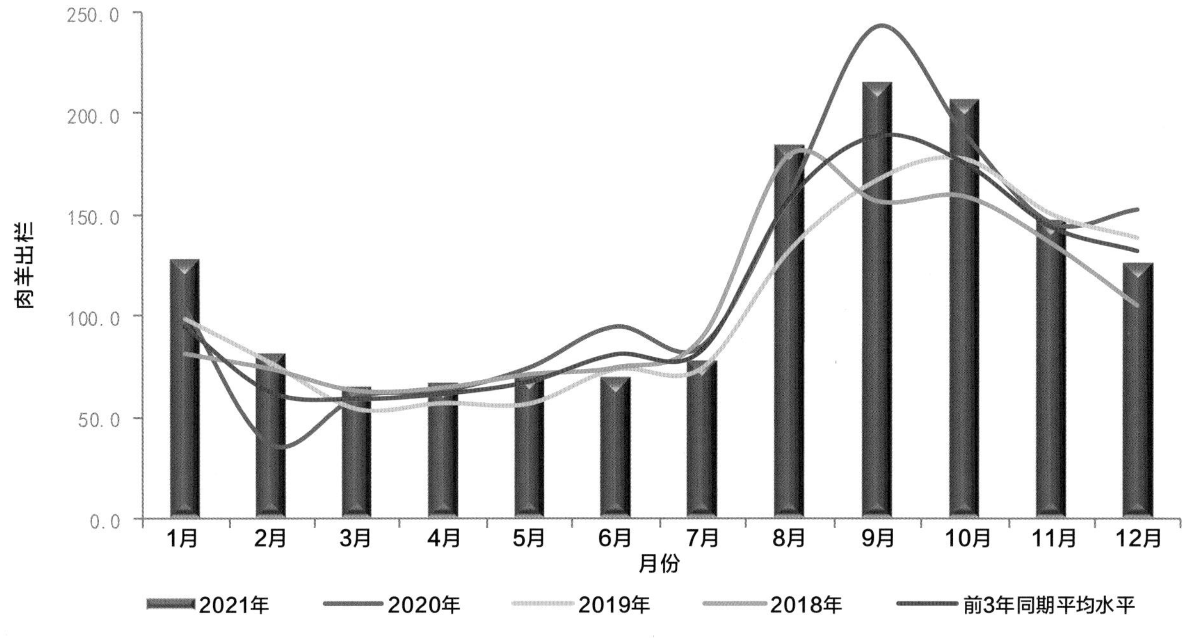

图 2　2018—2021 年肉羊出栏变化情况

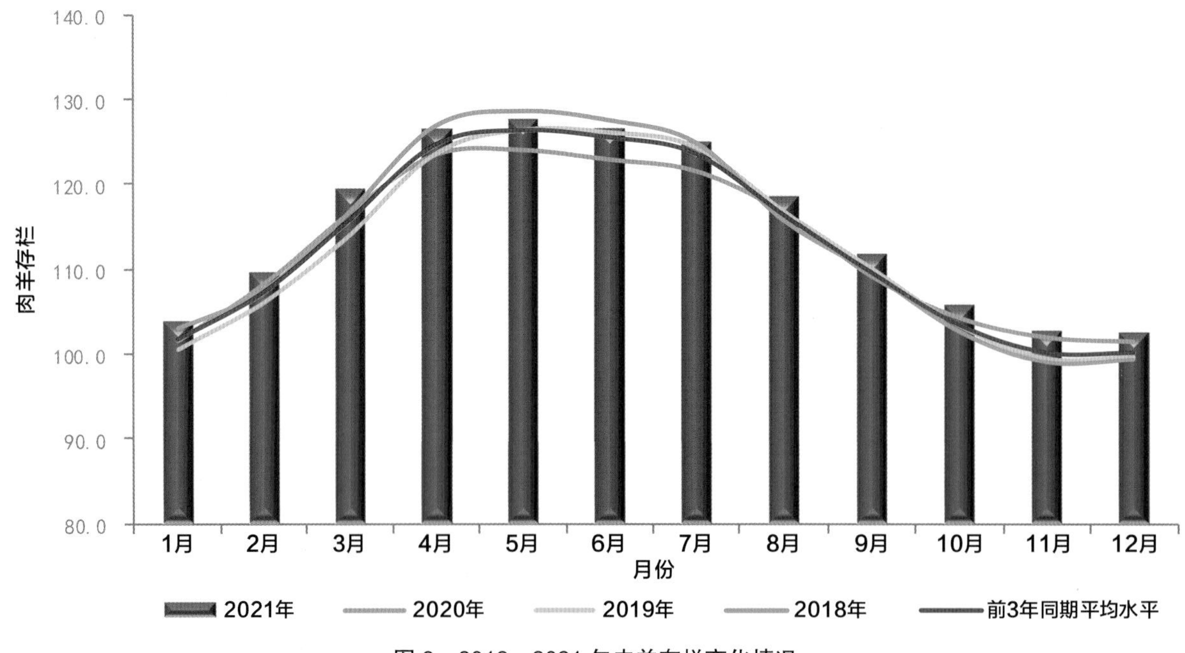

图 3　2018—2021 年肉羊存栏变化情况

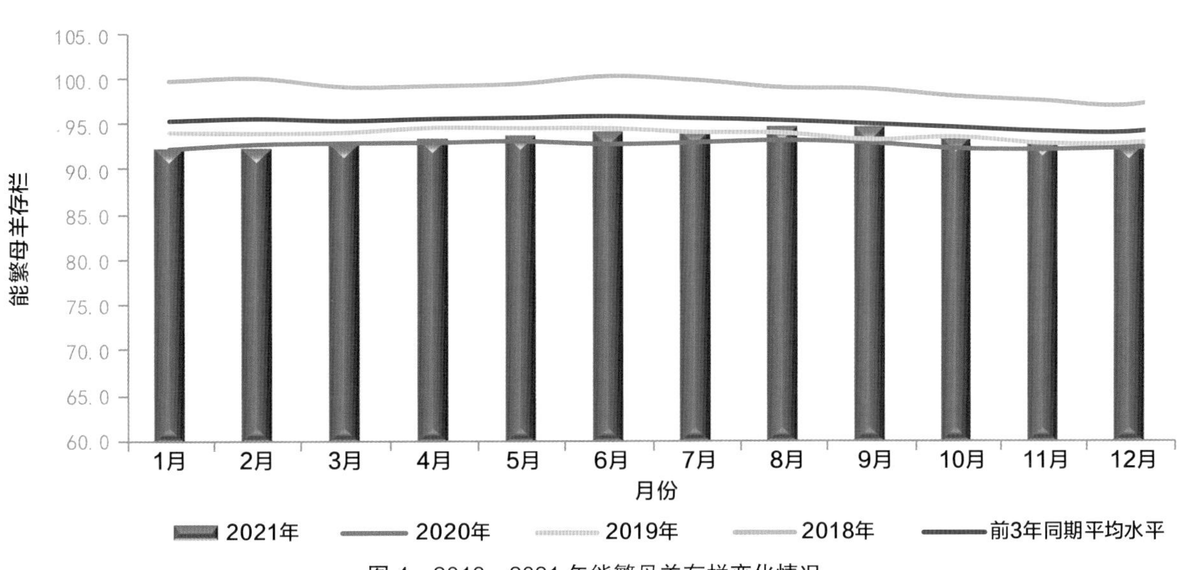

图 4　2018—2021 年能繁母羊存栏变化情况

共同作用下，2021 年全年新生羔羊数量同比增长 2.8%（图 5）。

（二）规模化程度不断提高，产业素质进一步提升

在城镇化发展和从业人员老龄化等因素的影响下，小规模肉羊养殖户逐步退出；与此同时，在肉羊养殖规模效益的驱动下，农牧户扩群、补栏的积极性增强，户均养殖规模持续扩大，肉羊养殖规模化水平得到提升。农业农村部监测数据显示，2021 年肉羊养殖户占农户比例同比下降 1.0 个百分点，户均养殖规模增加，户均存栏同比增长 1.4%

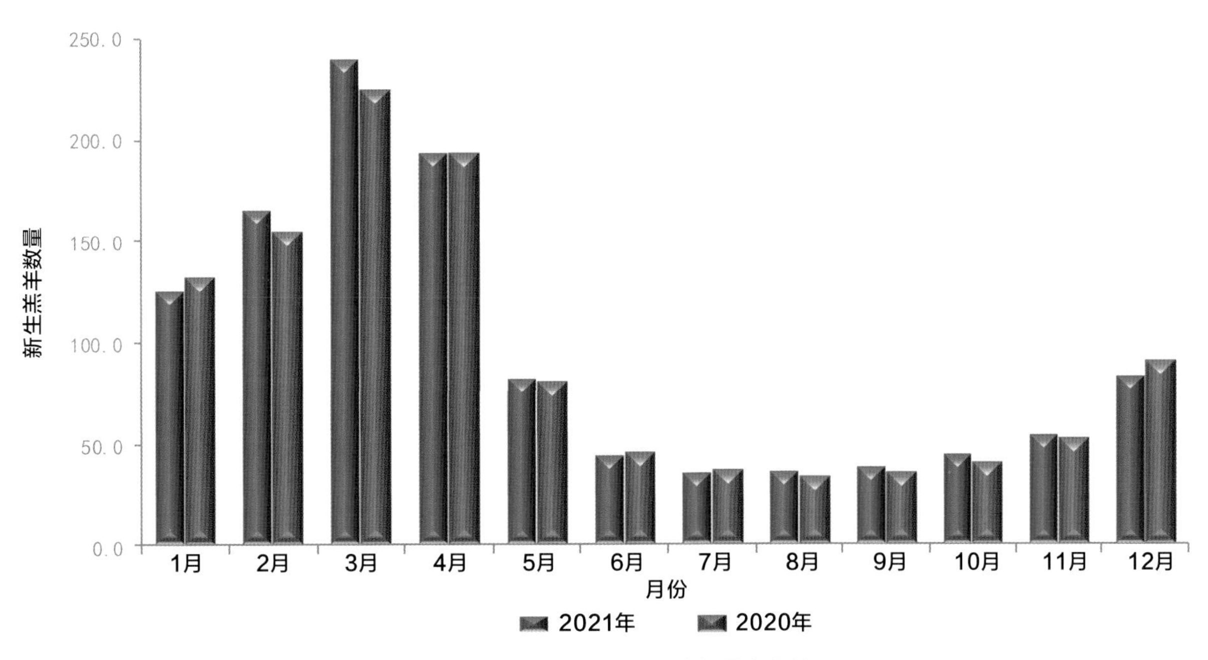

图 5　2020—2021 年新生羔羊数量变化情况

（图 6），预估 2021 年肉羊养殖规模化率达到 46%，较 2020 年提升 2.5 个百分点（图 7）。

当前肉羊养殖效益较好，农牧户肉羊养殖的经营意识和投入意愿增强，饲养管理水平逐步提升，肉羊遗传育种、品种改良、人工授精和舍饲养殖等技术得到更多应用，肉羊繁育水平及出栏活重均稳步提高，肉羊产业素质进一步提升。农业农村部监测数据显示，2021 年绵羊和山羊

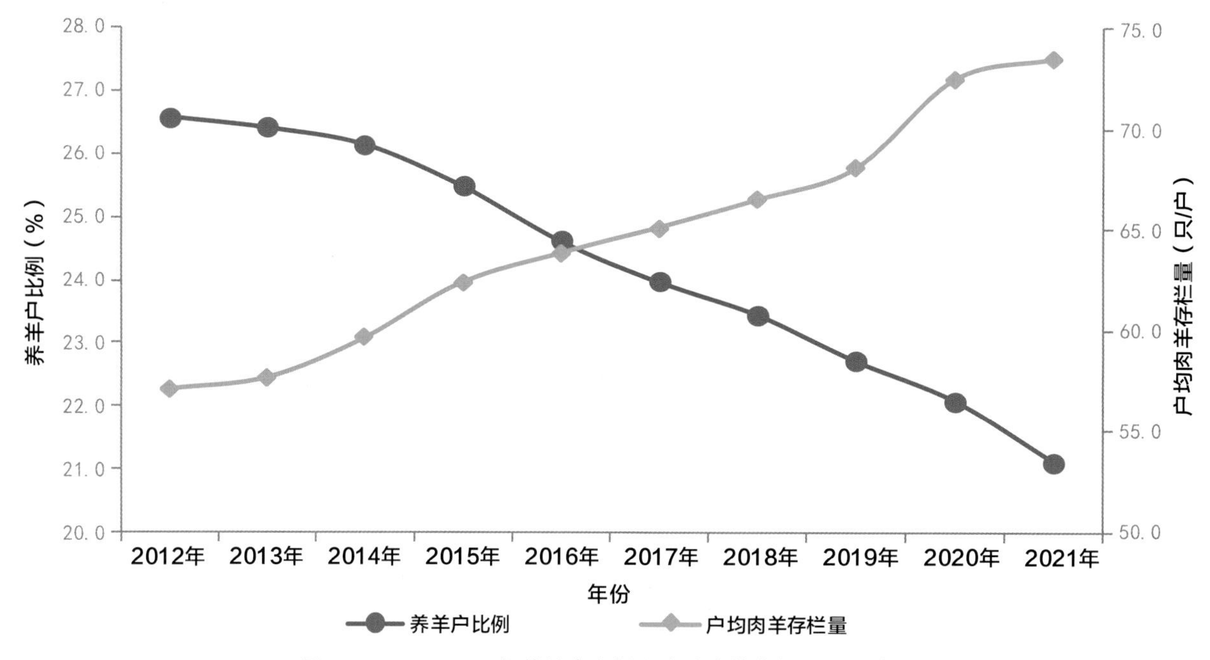

图 6　2012—2021 年养羊户比例和户均肉羊存栏量变化情况

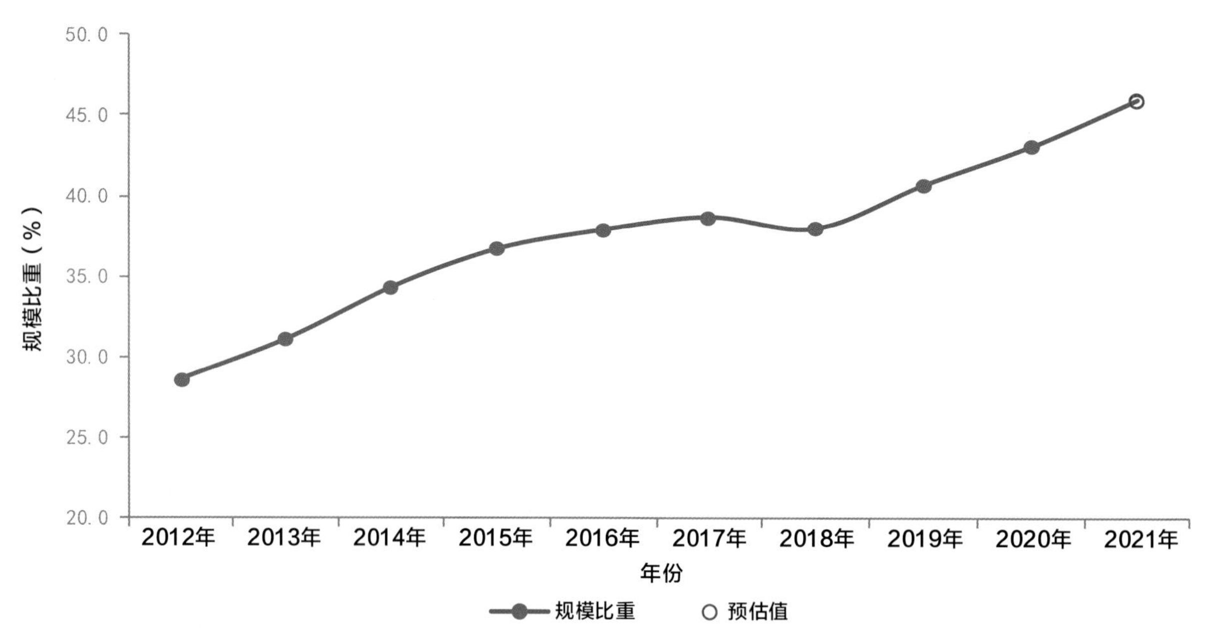

图 7　2012—2021 年出栏 100 只以上规模比重变化情况

自繁自育户的产羔率分别达到 123.1% 和 116.7%，同比分别增长 3.0 个和 1.1 个百分点；绵羊和山羊平均出栏活重同比分别增长 3.6% 和 3.4%（图 8）。

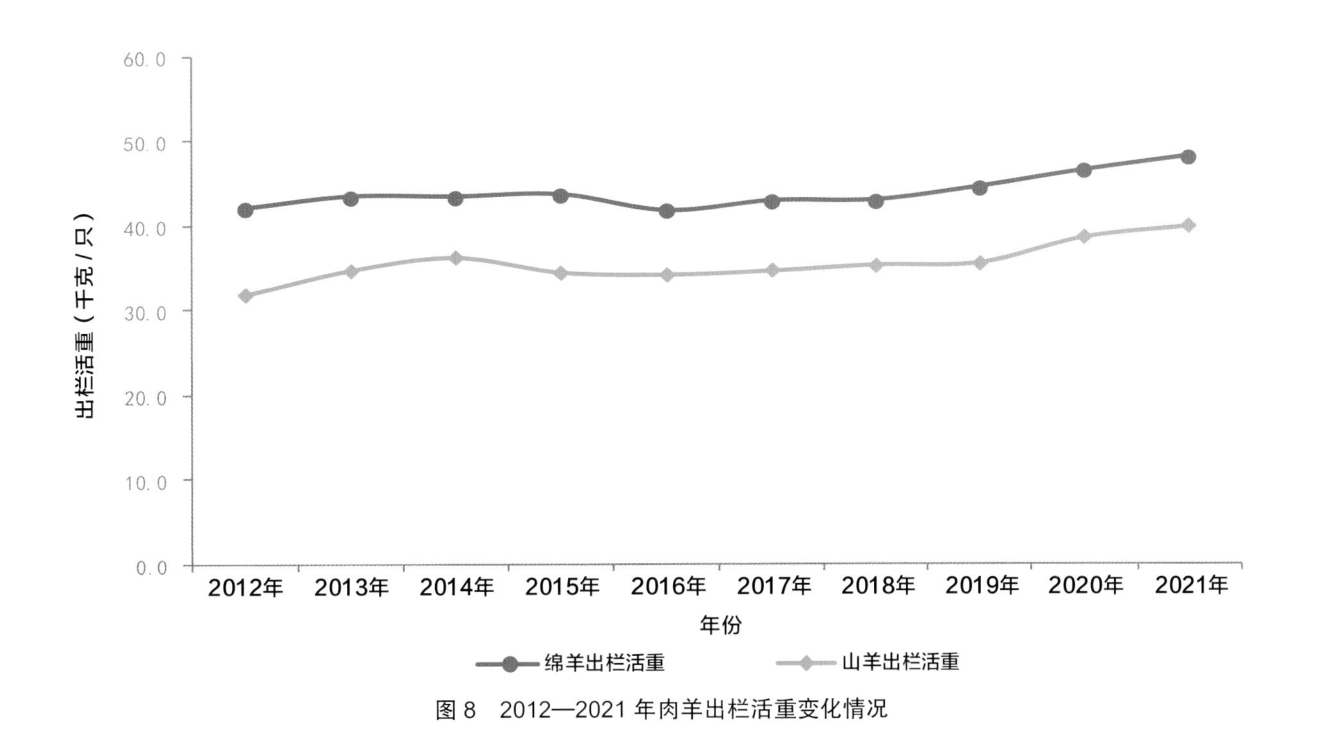

图 8　2012—2021 年肉羊出栏活重变化情况

（三）羊肉市场紧平衡状态有所缓解，价格涨幅收窄

随着我国肉羊遗传育种、舍饲养殖等技术的应用和规模化养殖的推进，羊肉供给能力持续提升，市场紧平衡状态得到一定程度的缓解。同时，受新冠肺炎疫情多地散发和上半年部分养殖户短期集中出栏等因素的影响，2021 年羊肉价格季节性下行时段延长，全年价格涨幅明显收窄。监测数据显示，2021 年每千克羊肉平均价格 84.63 元，同比上涨 4.6%，较 2020 年同期涨幅下降 6.9 个百分点（图 9）。

（四）饲料价格上涨明显，架子羊价格理性回归

自 2020 年以来，玉米、豆粕等饲料原料价格持续上涨，推动精饲料费用持续增加。据农业农村部监测，2021 年玉米和豆粕价格分别为 2.93 元 / 千克和 3.79 元 / 千克，同比分别增长 26.6% 和 14.2%，带来肉羊养殖成本相应增加。2021 年绵羊只均养殖成本[①] 897 元，同比增长 3.5%；山羊只均养殖成本 614 元，同比增长 6.5%（图 10）。2021 年，绵羊和山羊只均精饲料费用分别为 155 元和

① 成本、收益测算部分，绵羊及山羊重量按照标准体重计算。其中，绵羊每只按 45 千克计算，山羊每只按 30 千克计算。

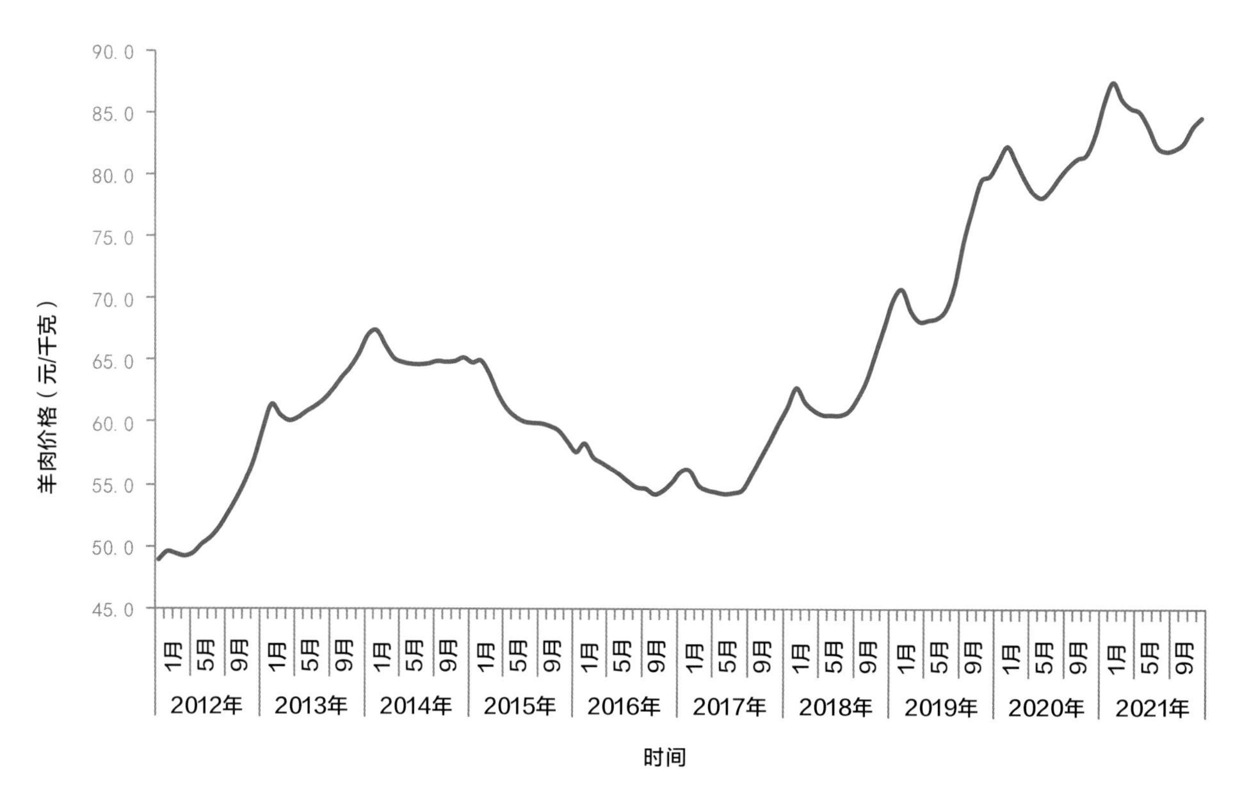

图 9　2012—2021 年羊肉价格走势

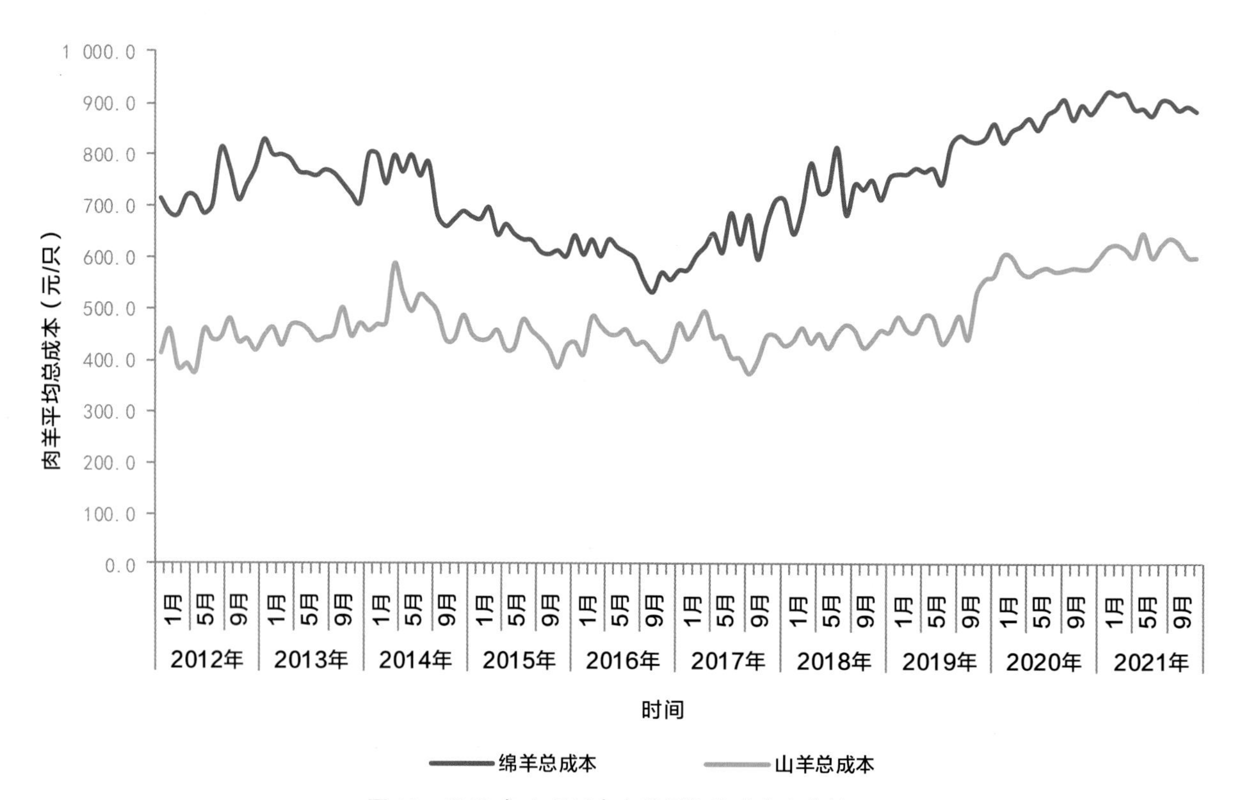

图 10　2012 年 1 月以来肉羊平均总成本变化情况

注：绵羊每只按 45 千克计算，山羊每只按 30 千克计算。

108 元，同比分别增长 4.5% 和 8.0%，占养殖成本的比重分别为 17.2% 和 17.7%。

绵羊及山羊只均羔羊或架子羊费用分别为 646 元和 408 元，仍然处于历史较高水平，但自 2021 年第二季度开始羔羊或架子羊费用已呈下降态势，表明羔羊或架子羊供需紧张的情况有所缓解。

（五）养殖收益震荡下行，仍处较高水平

受肉羊价格涨幅收窄和养殖成本高位运行的影响，肉羊养殖纯收益在第二季度震荡下行，但进入秋季后有所增加，全年平均收益仍保持在较高水平。据监测，2021 年出栏一只标准体重绵羊和一只标准体重山羊分别平均可获利 601 元和 711 元，同比分别增长 5.4% 和 6.1%（图 11）。

分养殖模式来看，自繁自育户养殖成本相对较低，养殖纯收益高于专业育肥户，自繁自育户出栏一只绵羊和一只山羊分别可获利 800 元和 770 元，比专业育肥户分别高 397 元和 312 元。分区域来看，牧区半牧区绵羊和山羊养殖纯收益均高于农区，牧区半牧区出栏一只绵羊和一只山羊分别可获利 822 元和 919 元，比农区分别高 243 元和 180 元。

（六）羊肉进出口量双增，贸易逆差扩大

2021 年，我国羊肉进口量为 41.1 万吨，同比增长 12.5%（图 12）；进口额为 153.6 亿元，同比增长 26.7%。羊肉出口量为 0.2 万吨，同比增长 15.2%；出口

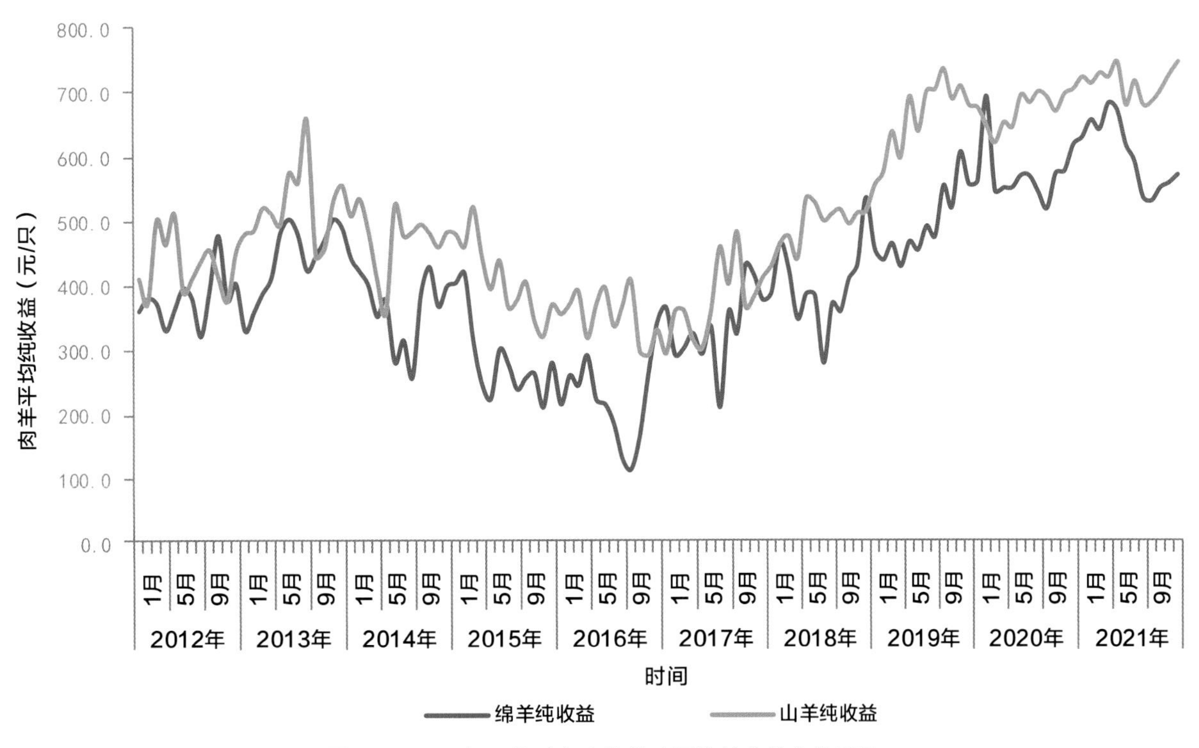

图 11 2012 年 1 月以来肉羊养殖平均纯收益变化情况

注：绵羊每只按 45 千克计算，山羊每只按 30 千克计算。

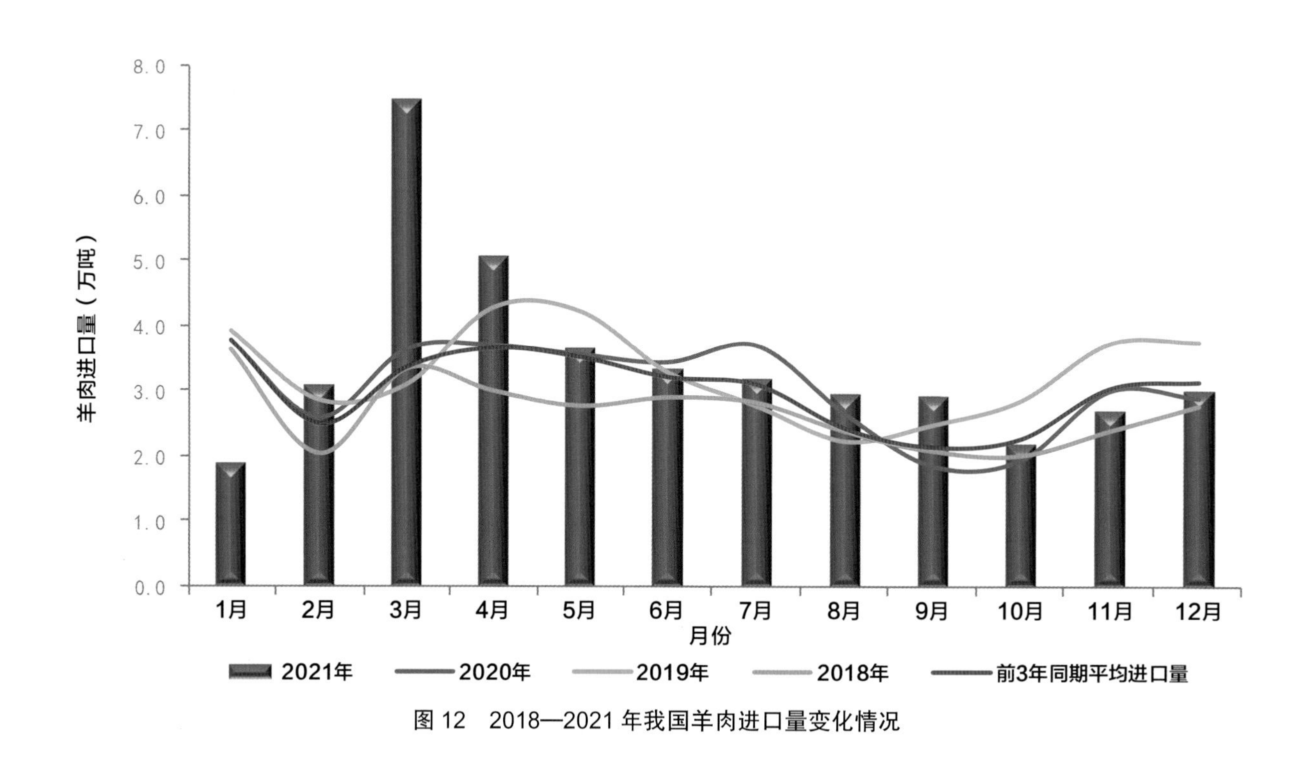

图12　2018—2021年我国羊肉进口量变化情况

额为1.6亿元，同比增长30.0%。2021年我国羊肉贸易逆差为152.0亿元，同比增长26.7%。2021年我国羊肉进出口贸易国（地区）比较集中。其中，进口来源国主要是新西兰和澳大利亚，从两国的进口量占总进口量的94.3%；出口主要目的地是中国香港，占总出口量的90.2%。

二、2022年肉羊生产形势展望

（一）肉羊生产继续稳中有增

2021年羊肉价格保持高位运行，肉羊养殖效益维持在较高水平，养羊户增加投入的意愿较强，遗传育种、舍饲养殖等技术得到更广泛的应用，肉羊生产效率提升的效果已经有所显现。预计2022年，随着产能的进一步释放和生产效率的提升，肉羊生产将会继续保持稳中有增的态势。

（二）羊肉消费需求将会继续增加

随着我国城镇化水平提高、居民收入水平增长，居民肉类消费升级加快，羊肉消费需求增长的态势将会延续。同时，随着新冠肺炎疫情防控更加精准有效，居民户外消费潜力将得到进一步释放，预计2022年我国羊肉消费需求将会继续增加。

（三）肉羊养殖收益将继续保持较高水平

随着肉羊生产的增加，2022年羊肉供需紧平衡的状态会有所缓解，但产不足需的态势不会发生根本性改变，羊肉价格和肉羊出栏价格可能继续高位盘桓。在肉羊养殖成本总体稳定的情况下，肉羊养殖收益仍将继续保持较高水平。

（四）羊肉进口规模将继续扩大

在羊肉供需紧平衡和国内外价差较大的背景下，随着新冠肺炎疫情的缓解，特别是《区域全面经济伙伴关系协定》（RCEP）的正式生效以及“一带一路”倡议的推进，主产国羊肉出口潜力进一步释放，2022 年我国羊肉进口规模将继续扩大。

2021 年国际畜产品市场形势及 2022 年展望

摘　要

2021 年，在我国生猪产能恢复、猪价快速回落的背景下，下半年猪肉进口明显减少。国内鸡肉价格保持低位，禽肉进口量亦小幅回落。牛羊肉需求提升，国内产能增加有限，进口量创历史新高。从全球来看，新冠肺炎疫情、非洲猪瘟疫情、亚洲生猪产能恢复等因素导致猪肉贸易进口需求下降，全球猪肉价格指数回落，但消费和进口需求增加，支撑牛羊肉、禽肉和奶类价格指数明显上涨。展望 2022 年，随着我国猪肉和禽肉产量的增长，进口量将明显回落，猪肉进口量预计降至 250 万吨，牛羊肉进口将继续小幅增长，乳品进口继续增长。

一、2021 年我国畜产品贸易形势

2021 年我国畜产品进口总量 1 566.4 万吨，同比增长 0.2%，进口额 523.4 亿美元，同比增长 10.0%。出口量 279.1 万吨，同比减少 5.2%，出口额 60.3 亿美元，同比增长 11.0%。畜产品贸易逆差 463.1 亿美元，较 2020 年扩大 9.9 个百分点。

（一）肉类进口下降

肉类进口量为 794.3 万吨，同比下降 6.0%，进口额 285.7 亿美元，同比增长 3.9%。杂碎进口量为 143.5 万吨，同比下降 1.9%，进口额 35.8 亿美元，同比增长 10.8%。

1. 猪肉进口量下降

2021 年，我国进口猪肉及杂碎 500.3 万吨，同比下降 12.7%，占肉类及杂碎进口量的比重为 53.3%。鲜冷冻猪肉（包括肥猪肉）进口 370.9 万吨，同比下降 15.5%，进口额 101.4 亿美元，同比下降 15.6%。猪肉进口来自 19 个国家，其中前 10 个国家合计进口 349 万吨，占猪肉总进口量的 94.1%。进口量前 10 位的国家依次是西班牙、巴西、美国、丹麦、荷兰、加拿大、法国、智利、英国和墨西哥，分别占 31.1%、14.8%、10.9%、9.7%、7.7%、6.7%、4.3%、4.1%、2.8% 和 2.0%（图 1）。

2. 牛肉进口量增幅收窄

2021 年牛肉进口量 233.3 万吨，同比增长 10.1%，增幅比上年降低 17.5 个百分点；进口额 124.9 亿美元，同比增长 22.7%。我国进口牛肉来自 22 个国家，其

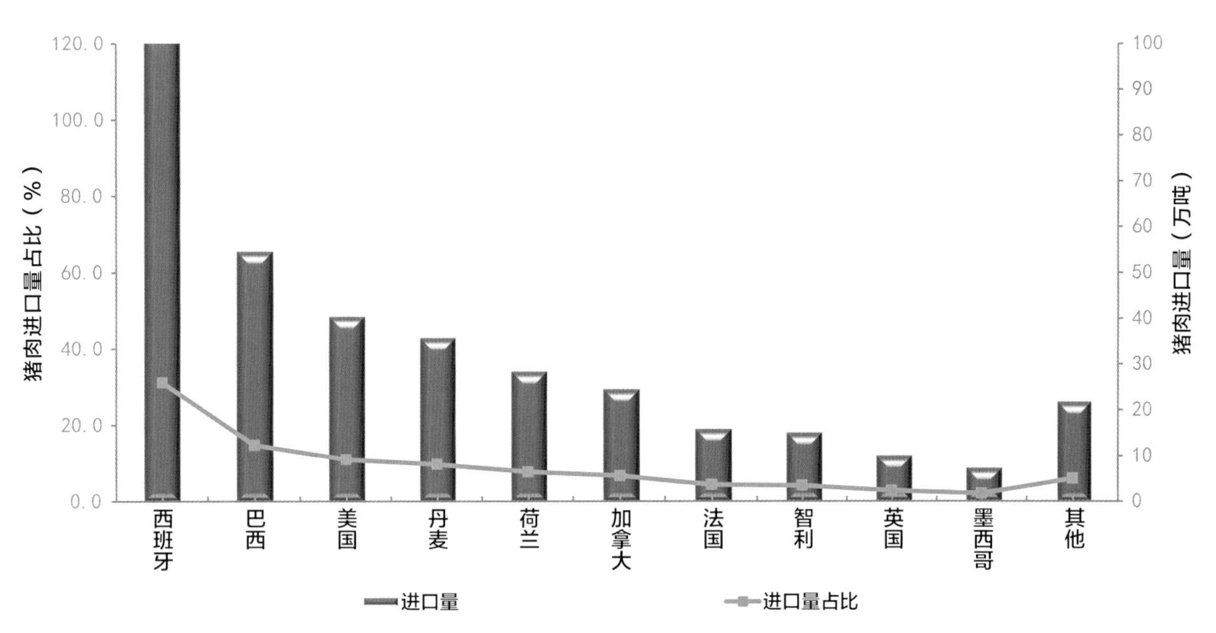

图 1　2021 年猪肉主要进口市场进口量及占比

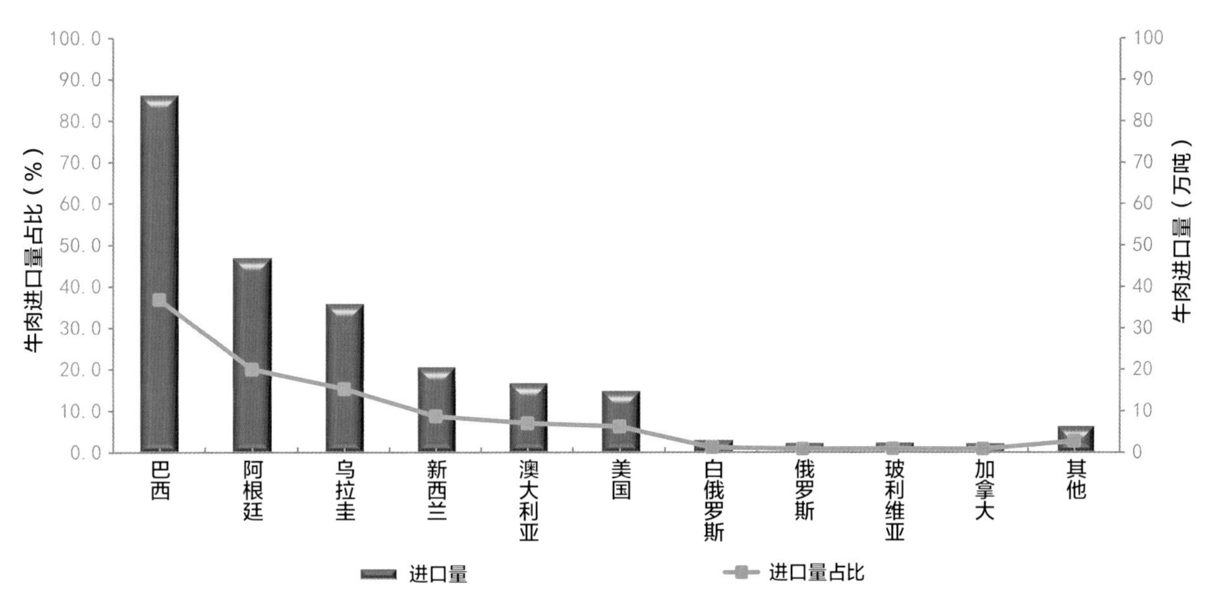

图 2　2021 年牛肉主要进口市场进口量及占比

中前 5 个国家合计进口 204.3 万吨，占牛肉进口总量的 87.6%。前 5 位的国家依次是巴西、阿根廷、乌拉圭、新西兰和澳大利亚，分别占 36.8%、19.9%、15.2%、8.7% 和 7.0%（图 2）。

3. 羊肉进口量显著增加

2021 年我国进口羊肉 41.1 万吨，同比增长 12.5%；进口额 23.8 亿美元，同比增长 36.3%。我国从新西兰、澳大利亚、乌拉圭、智利、阿根廷和冰岛 6 个国家进口羊肉，其中 38.7 万吨进口羊肉来自新西兰和澳大利亚，占总进口量的 94.3%。

4. 禽肉产品进口减少

2021 年我国禽肉及其杂碎进口量 148.0 万吨，同比下降 4.7%。进口额 35.1 亿美元，同比增长 0.4%。其中，冻鸡爪、带骨冻鸡块和冻鸡翼进口量分别占比45.6%、22.9%和22.0%。我国从13个国家进口禽肉及杂碎，其中前5个国家合计进口140.6万吨，占进口总量的95.0%。进口量前5位的国家依次为巴西、美国、俄罗斯、泰国和阿根廷，分别占44.0%、30.2%、8.3%、7.0%和5.4%。

（二）蛋类出口量小幅增加

我国蛋产品以出口为主，进口量很小。2021年，蛋产品出口量10.3万吨，同比增长1.1%；出口额2.1亿美元，同比增长19.0%。

（三）乳制品进口增幅较大

1. 进口总量增幅较大

2021年，我国共进口各类乳制品394.7万吨，同比增长18.5%；进口额138.3亿美元，同比增长13.9%。进口乳制品折合生鲜乳2 251万吨，同比增长17.6%（干制品按1∶8，液态奶按1∶1折算）。

2. 婴幼儿配方奶粉进口大幅下降

2021年，婴幼儿配方奶粉进口26.2万吨，同比下降22.0%；进口额43.3亿美元，同比下降14.6%。进口国主要来自荷兰、新西兰、法国和爱尔兰，分别占进口总量的36.9%、23.2%、12.0%和9.5%。

3. 液态奶和大包粉等进口增长明显

2021年，液态奶进口126.8万吨，同比增长21.9%；进口额18.1亿美元，同比增长38.5%。大包粉进口127.5万吨，同比增长30.2%；进口额46.0亿美元，同比增长39.7%；主要来自新西兰和澳大利亚，分别占进口总量的67.9%和7.7%。受国内仔猪饲用乳清粉需求拉动，乳清粉进口72.3万吨，同比增长15.5%；进口额10.2亿美元，同比增长25.1%；主要来自欧盟、美国和白俄罗斯，分别占比38.6%、39.6%和8.6%。奶酪进口17.6万吨，同比增长36.3%；进口额8.1亿美元，同比增长37.8%；主要来自新西兰、欧盟和澳大利亚，分别占进口总量的54.4%、23.2%和15.2%。

二、国际畜产品市场形势

FAO（联合国粮食及农业组织）肉类价格指数较2020年有所增长。肉类价格指数（基期为2014—2016年）从2021年1月份的95.96，连续6个月上涨至7月份的114.11，8月份开始回落，12月份回落至111.30，环比下降0.1%，同比增长17.4%。

1. 牛羊禽肉价格指数上涨，猪肉价格指数回落

除猪肉价格指数整体回落外，牛肉、羊肉、禽肉价格指数均上涨。猪肉价格指数2021年1月份为88.45，2月份开始连续5个月上涨，6月份为102.85，7月份开始持续回落，12月份为87.14，同比下降1.8%。牛肉价格指数连续12个月呈现涨势，2021年12月份为129.44，同比增长27.6%。羊肉价格指数自2020年11月份的120.80持续回升，至2021年10月份为156.52，11月份开始连续两个月回落，12月份为145.00，同比增长17.3%，羊肉价格指数连续12个月高于上年同期。禽肉价格指数由2020年12月份的86.85

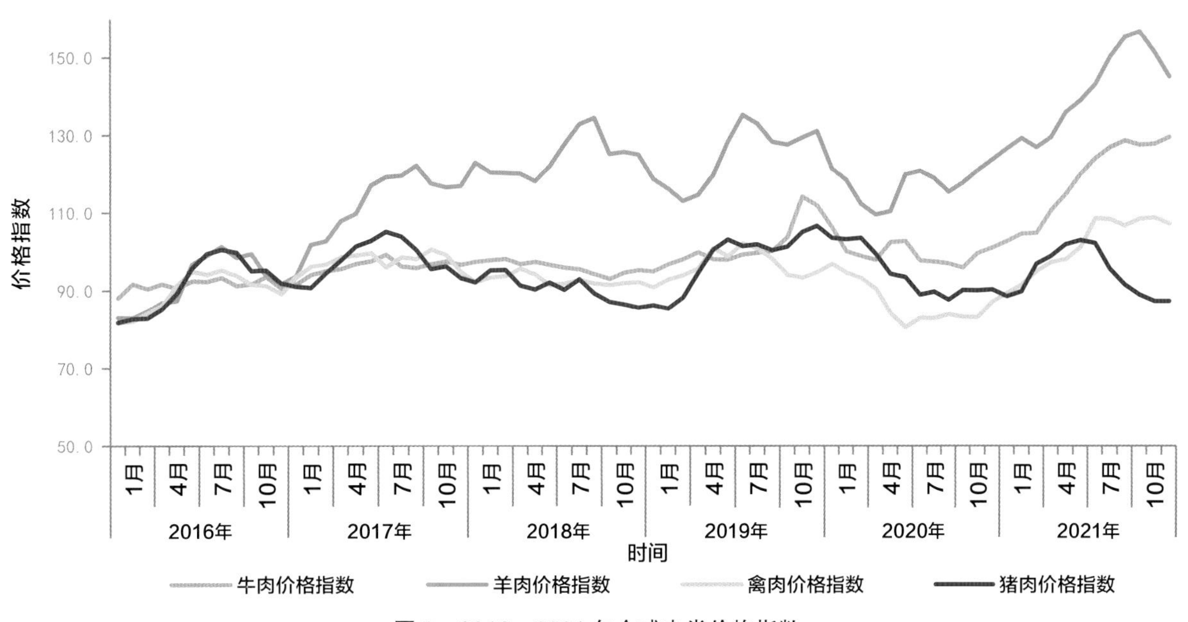

图 3　2016—2021 年全球肉类价格指数

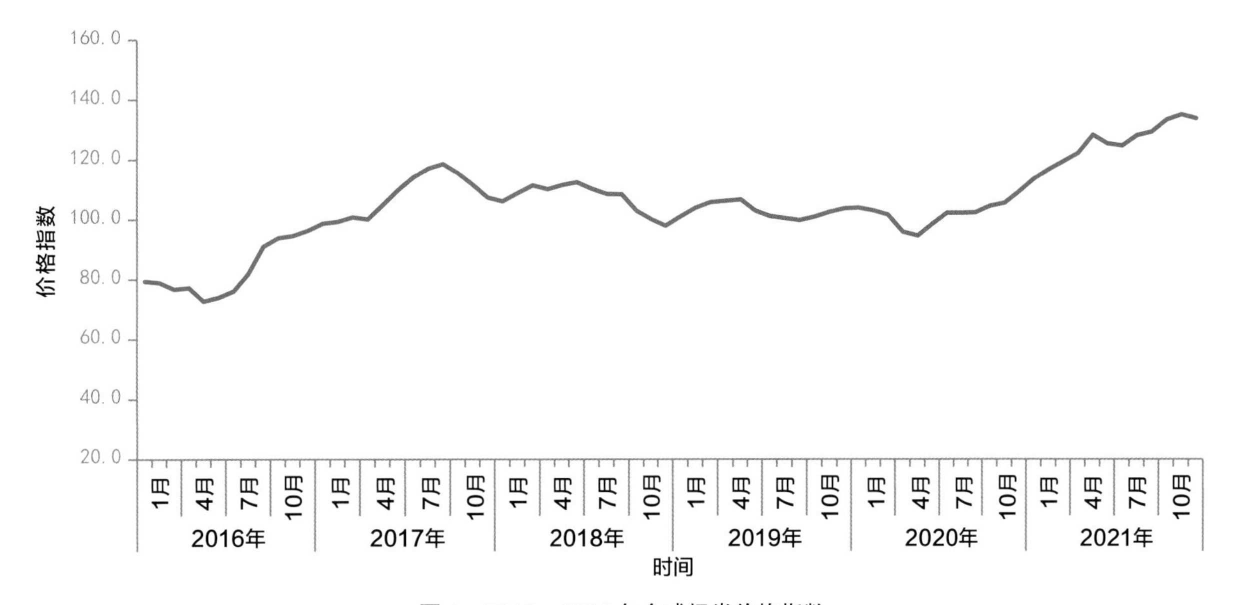

图 4　2016—2021 年全球奶类价格指数

连续 7 个月上涨，至 2021 年 7 月份为 108.47，8 月份开始震荡回落，12 月份为 107.13，同比增长 23.3%，连续 10 个月高于上年同期（图 3）。

2. 2021 年 FAO 奶制品价格总体上涨

奶制品价格指数 2021 年 1 月份为 111.25，2 月份开始连续 4 个月上涨至 5 月份的 121.13，6 月份开始连续 3 个月回落，8 月份为 116.16，9 月份开始价格回升，12 月份上涨至 128.16，同比增长 17.4%，连续 12 个月高于上年同期（图 4）。

全球奶粉价格震荡上涨，美国、欧盟、大洋洲价格同比均上涨。2021 年全球全脂奶粉批发价格从 1 月份的 3 431 美元 / 吨持续上涨至 5 月份的 4 008 美元 / 吨，6 月份开始连续 3 个月回落，8 月份为 3 807 美元 / 吨，9 月份起价格持续回升，12 月份为 4 251 美元 / 吨，同比增长 25.8%。大洋洲全脂奶粉批发价格从 1 月份的 3 381 美元 / 吨震荡上涨至 5 月份的 4 150 美元 / 吨，之后回落，8 月份为 3 654 美元 / 吨，12 月份震荡回升至 3 929 美元 / 吨，同比增长 20.7%。欧盟全脂奶粉批发价格由 1 月份的 3 431 美元 / 吨连续 4 个月上涨至 5 月份的 4 008 美元 / 吨，之后连续 3 个月回落，8 月份为 3 807 美元 / 吨，9 月份起价格持续回升，12 月份为 4 251 美元 / 吨，同比增长 25.8%。

三、2022 年我国畜产品贸易展望

（一）2022 年全球肉类产量预计增长，出口需求增长

2022 全球猪肉产量预计增长 0.9%，猪肉出口略降。美国农业部预测，2022 年全球猪肉产量 10 988.7 万吨，较 2021 年增长 0.9%；鸡肉产量 10 082.1 万吨，增长 0.9%；牛肉产量 5 818.4 万吨，增长 1.0%。2021 年全球猪肉出口 1 241.4 万吨，较上年下降 1.2%；2022 年预计为 1 232.9 万吨，较 2021 年下降 0.7%。2021 年全球牛肉出口 1 158.2 万吨，较上年增长 3.1%；2022 年预计为 1 204.3 万吨，较 2021 年增长 4.0%。2021 年全球鸡肉出口 1 308.9 万吨，较上年增长 0.2%；2022 年预计为 1 342.9 万吨，较 2021 年增长 2.6%。

2022 年欧盟猪肉产量和出口预期小幅下降。2022 年，受新冠肺炎疫情和全球肉类市场的不确定性影响，欧盟国家肉类产量和贸易量整体将下降，猪肉产量预计 2 366.0 万吨，较 2021 年下降 0.1%。2021 年猪肉出口量为 505.0 万吨，较 2020 年下降 2.5%，2022 年预计为 498.0 万吨，较 2021 年下降 1.4%。

2022 年美国牛肉和猪肉产量预计下降，鸡肉产量保持较高增速。2021 年猪肉产量为 1 256.8 万吨，较 2020 年下降 2.6%，2022 年预计降至 1 248.7 万吨，较 2020 年下降 0.6%；2021 年牛肉产量为 1 273.6 万吨，较 2020 年增长 2.8%，2022 年预计降至 1 238 万吨，较 2020 年下降 2.8%；2021 年鸡肉产量为 2 037.8 万吨，较 2020 年增长 0.6%，2022 年预计达到 2 071.2 万吨，较 2021 年增长 1.6%。2021 年美国猪肉出口总量预计为 321.5 万吨，下降 2.6%，2022 年预计达到 317.5 万吨，较 2021 年下降 1.2%；2021 年鸡肉出口量预计为 336.7 万吨，下降 0.3%，2022 年预计达到 340.3 万吨，增长 1.1%。

（二）2022 年我国畜产品进口总量将明显下降

2022 年，随着我国生猪供给继续增长，猪肉、鸡肉进口需求将继续下降，猪肉进口量预计降至 250 万吨，禽肉及杂碎进口预计降至 130 万吨左右。牛肉进口继续小幅增长，预计达到 240 万吨左右，羊肉进口保持相对稳定，预计在 40 万吨左右。受国内奶类价格上涨推动，预计奶制品进口量将继续小幅增加，超过 400 万吨。